西安石油大学优秀学术著作出版基金资助

# 压力浸渗法制备纤维复合材料

鞠录岩　马玉钦　著

中国石化出版社

**图书在版编目(CIP)数据**

压力浸渗法制备纤维复合材料 / 鞠录岩,马玉钦著.
—北京:中国石化出版社,2021.8
ISBN 978-7-5114-6430-9

Ⅰ.①压… Ⅱ.①鞠… ②马… Ⅲ.①纤维增强复合
材料-制备 Ⅳ.①TB334

中国版本图书馆 CIP 数据核字(2021)第 177530 号

**中国石化出版社出版发行**
地址:北京市东城区安定门外大街 58 号
邮编:100011 电话:(010)57512500
发行部电话:(010)57512575
http://www.sinopec-press.com
E-mail:press@sinopec.com
北京柏力行彩印有限公司印刷
全国各地新华书店经销
＊
710×1000 毫米 16 开本 11.5 印张 209 千字
2021 年 9 月第 1 版 2021 年 9 月第 1 次印刷
定价:62.00 元

# 前　言

纤维增强复合材料具有比强度和比刚度高、热膨胀系数低、耐腐蚀且尺寸稳定性能好等优点，在航空航天、武器装备、通信电子、交通运输、风力发电和海洋工程等领域具有广阔的应用前景。

纤维增强复合材料自出现以来，受到世界各国的高度重视。根据美国空军对 2025 年航空技术发展的预测分析，在全部 43 个系统中，先进材料技术位居第二；在美国国防部制定的科技优选项目中，先进材料技术也被列在第二位。我国为贯彻落实《中华人民共和国国民经济和社会发展第十三个五年规划纲要》和《中国制造 2025》，引导新材料产业健康有序发展，工业和信息化部、发展改革委、科技部、财政部联合制定了《新材料产业发展指南》，支持新材料产业的发展。其中，汽车用碳纤维复合材料、航空制动用碳/碳复合材料、高性能碳纤维及玄武岩纤维等纤维增强复合材料及其组分材料被列为关键战略材料。

本书以纤维增强复合材料为主线，在分析纤维增强复合材料的组成和制备工艺的基础上融入作者的研究成果。全书共分为 5 章。第 1 章从基体、增强体、界面等方面对复合材料进行了概述，并且总结了国内外专家学者对复合材料发展的预期；第 2 章阐述了采用不同基体材料制备纤维增强复合材料的典型工艺方法，并简要介绍了复合材料的常见表征方法；第 3~第 5 章介绍了纤维增强及纤维/颗粒混杂复合材料的制备、组织及性能等。

本书第 1 章、第 2 章和第 5 章由西安石油大学鞠录岩编写，第 3 章和第 4 章由西安电子科技大学马玉钦编写，全书由鞠录岩统稿。申易、宁银磊、王杰、李飞和虢海银等研究生参与了该书的编辑校稿工作。本书在编写过程中还参阅了部分国内外相关专家的专著、教材及文章，并由"西安石油大学优秀学术著作出版基金"资助出版，在此谨致谢意。

先进复合材料的种类及制备技术的发展日新月异，限于作者的水平和学识，书中难免还存在不妥之处，敬请广大读者批评指正。

# 目　　录

# 第1章 绪 论

## 1.1 复合材料简介

### 1.1.1 复合材料的定义

(1) 根据国际标准化组织(International Organization for Standardization. ISO)为复合材料所下的定义如下：

复合材料是由两种或两种以上物理、化学性质不同的物质组合而成的一种多相固体的材料，复合材料的组分虽然保持其相对独立的性能，却不是其组分材料性能的简单叠加，而是有着重要的改进。在复合材料中，通常有一相为连续相，称为基体；另一相为分散相，称为增强材料，分散相是以独立的形态分布在整个连续相中的，两相之间存在相界面，分散相可以是增强纤维，也可以是颗粒状或弥散的填料。

(2) 根据沃丁柱在《复合材料大全》中为复合材料所下的定义如下：

顾名思义，所谓"复合"即含有多元多相的组合之义。简单地说，复合材料就是用两种或两种以上不同性能、不同形态的组分材料通过复合手段组合而成的一种多相材料。从复合材料的组成与结构分析，其中有一相是连续的称为基体相，另一相是分散的、被基体包容的称为增强相。增强相与基体相之间有一个交界面称为复合材料界面，复合材料的各个相在界面上可以物理地分开。通过在微观结构层次上的深入研究，发现复合材料界面附近的增强相和基体相，由于在复合时存在复杂的物理和化学的原因，变得具有既不同于基体相又不同于增强相组分本体的复杂结构，同时发现这一结构和形态会对复合材料的宏观性能产生影响，所以界面附近这一个结构与性能发生变化的微区也可作为复合材料单独的一相，称为界面相。因此确切地说，复合材料是由基体相、增强相和界面相组成的。

### 1.1.2 纤维增强复合材料的组成与分类

通过前文对于复合材料的定义和性能特点分析可以看出复合材料是由基体相、增强相和两者之间的界面组成，其中基体相和增强相在选材上又具有多样性，从而使得复合材料的分类也具有多样性(图 1-1)。纤维增强复合材料是以玻璃纤维、碳纤维、凯夫拉纤维为增强体，以树脂、金属、陶瓷等材料为基体的一种复合材料。因此，对于纤维增强复合材料而言，其增强相是由纤维担任，其分类可参考复合材料的分类方法。

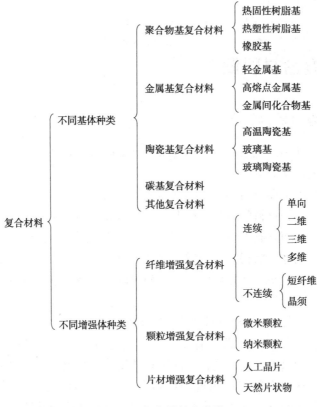

图 1-1　复合材料的分类

### 1.1.3　纤维增强复合材料特点

复合材料与传统的均质或单相材料不同，复合材料既是一种材料又是一种结构。因为复合材料是由基体相和增强相两种组分材料复合而成的，两者之间有明显的界面。对纤维增强复合材料而言，它不仅保留了增强纤维与基体材料的特点，而且通过纤维与基体的相互补充和关联可以获得原组分所没有的、新的优越性能。所以，有些学者认为复合材料是一种结构，且与一般材料简单混合有着本质的区别。其特点如下：

1. 可综合发挥各组成材料的优点

纤维与基体材料在复合后可以通过综合平衡来满足实际设计需求，既能综合基体材料与增强碳纤维的优点，同时又可以避免各组分的性能缺陷，使复合后的材料具有多种天然材料所没有的性能。图1-2显示了纤维增强复合材料与常用材料相比具有更高的比强度和比模量。

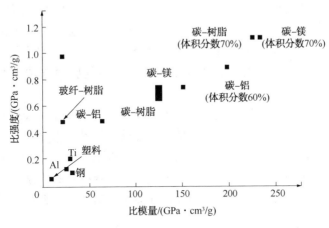

图 1-2  不同材料的性能对比

由于增强纤维一般具有超高的强度和模量，在纤维增强复合材料中纤维主要起到增加强度、改善性能的作用；而基体材料也多以树脂或轻金属为主。所以纤维增强复合材料多数具有比强度、比模量高的优点；同时根据复合法则可以计算得到纤维增强复合材料的理论力学性能，见公式（1-1）和公式（1-2）：

$$E_c = E_f v_f + E_m v_m \tag{1-1}$$

$$\sigma_c = \sigma_f v_f + \sigma_m v_m \tag{1-2}$$

式中　　$E$——复合材料弹性模量，GPa；

　　　　$\sigma$——抗拉强度，MPa；

　　　　$v$——复合材料中纤维体积分数，%；

　$f$、$m$——分别代表纤维和基体。

轻质、高强的优点使纤维增强复合材料在保证性能的基础上，可以大大降低结构件的整体质量。有数据表明：纤维增强复合材料是目前所有航空航天材料中比强度和比模量最高的材料，其比强度和比刚度超出钢与铝合金的5~6倍；同铝合金相比，用碳纤维复合材料制造的飞机结构，减重效果可达20%~40%。在航空航天领域中，降低飞行器自身结构质量，就意味着提高了飞行器的机动性，且增大了携带负载的能力和更远的飞行距离。如运载火箭、卫星等航天器每增加1kg质量，需要发射系统增加几百千克的负荷，这就对航天器结构材料提出了低密度、高强度、高刚度的要求。研究表明每减轻1kg的质量，商用飞机可带来600美元的经济效益，战斗机可带来3000美元的经济效益，航天器更是可以带来60000美元的经济效益。因此，轻质、高强的特性使得纤维增强复合材料在减重方面的优势非常突出。

此外，纤维增强复合材料还具有优良的阻尼减震、电磁屏蔽等性能，在汽车制造工业中用作方向盘减震轴、活塞环、支架、变速箱外壳等。对于空间应用及交通领域来说，都需要发展如高弹性模量、高比强度、高耐磨性能的轻质材料。而且，在未来的几十年中，人类社会的老龄化问题将日益突出，发展各种超轻结构材料对于老年人独立工作及日常生活是十分必要的。纤维增强复合材料以其固有的优良性能，将会具有更广阔的发展空间，在材料应用领域上发挥出更大的作用。

将纤维按照不同的织物形式制备成预制体作为纤维增强复合材料的增强体是目前最常用的方法。该方法可以较好地发挥连续碳纤维的力学性能，具有整体性好、工艺可操作性好等优点。但是预制体织物结构不同，其纤维的分布状态也就不同，这不仅会影响复合材料的外观，还会影响复合材料的力学性能。如何选用合理的预制体结构，充分发挥纤维的优良性能是提高复合材料性能的关键，也逐渐成为复合材料研究的重点之一。

虽然复合材料的各组分保持其相对独立性，但是由于基体与增强体之间界面的存在，使得复合材料的性能不是各组分性能的简单叠加，而是可以"取长补短"，极大地弥补了单相材料的性能缺陷，且显示出单相材料所不具备的优异性能，被认为可以作为新型结构材料替代传统金属材料。此外，碳纤维的加入同样也使得纤维增强复合材料的损伤机理和失效模式变得复杂、多样，界面剥离、基体破坏、层间开裂等这些局部损伤都是复合材料过早失效、破坏的因素。这些因素的交错存在使得纤维增强复合材料的破坏过程相对较长，而且复杂，有待于进一步研究。

2. 纤维增强复合材料具有可设计性

对于常规的材料而言，材料的属性往往是固定的，在设计或使用的过程中是直接可以选择的：即在材料部门提供的具有确定性能数据的各种材料中选择合适的材料牌号与规格。而在纤维增强复合材料的设计或使用过程中，复合材料的性能是根据纤维的含量、分布状态、界面结合等因素变化的。设计者根据设计条件（如性能要求、载荷情况、环境条件等），通过改变材料的组分、结构、工艺方法和工艺参数等，使纤维和基体材料真正复合成一个整体，成为一种新材料，从而达到设计要求或使用要求。当然，这些组合不是简单的混合，不仅组分材料有其自己的固有特性，而且组分材料之间要彼此相容（包括物理、化学、力学等方面）。由此可见，复合材料设计和制备过程中包含诸多可调节的因素，这些因素既影响了复合材料最终的性能，又赋予了复合材料性能可设计的特性。

1）纤维增强复合材料的可设计性体现在组成材料选择的多样性和材料配比的多样性

比如：复合材料设计的首要步骤是选择构成复合材料的基本组分材料(增强体和基体)。这一步骤可简称为选材，它包括确定增强体和基体的种类(即确定复合体系)，并根据复合体系初步确定增强体在复合材料中的体积分数(即各组元之间的体积比例)。

在选择增强体时，作为设计依据的原始数据包括对复合材料性能的一般性要求和特殊要求。一般性要求如：强度模量、密度、化学稳定性、形状和尺寸、生产加工性、成本、经济性、性能再现性或一致性、对损伤及磨损的抵抗与耐受能力、与基体材料的黏接性等。特殊要求如：热性能(导热性、热膨胀系数)、高温性能(抗氧化性、再结晶、老化性)等。

在选择基体时，作为设计依据的原始数据一般要求为：对增强体的包容、充填变形性、基体本身的固结性、断裂韧性、耐腐蚀性、抗疲劳性、强度。特殊要求如：高温抗氧化性和抗蠕变能力、焊接性、二次加工(锻、轧、挤、切削)性等。

选材的目的是根据复合材料中各组分的职能和所需承担的载荷及载荷分布情况，再根据所了解的具体使用条件下要求复合材料提供的各种性能，来确定复合材料体系。从几种复合材料体系的候选方案中经定性和定量比较筛选。

2) 纤维增强复合材料可设计性的另一种体现是材料结构的多样性

材料结构的多样性即在组成材料和材料配比确定的前提下，材料中纤维的取向或排布结构的不同，同样会带来复合材料性能的多样性。纤维增强复合材料尤其是连续纤维增强复合材料的力学及物理性质是非均质且各向异性的，与可视为均质的和各向同性的传统材料有显著不同，这是复合材料可以进行铺层设计的主要依据。复合材料可以根据结构各处工作环境及载荷类型与大小，分别选用和配置不同的纤维排布结构，更好地发挥纤维的性能优势。比如在层合纤维增强复合材料(图1-3)的设计过程中会有铺层设计。铺层设计是根据受力要求和刚度(变形)要求，通过承受指定载荷下各层应力分布、强度与变形(包括若干层失效后层合板强度与刚度退化后的情况)，来确定某种铺叠次序下层合板的承受能力与变形，从而确定增强纤维在复合材料中的理想配置与铺叠次序。

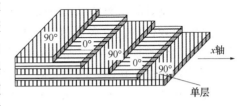

图1-3 层合结构复合材料

3. 复合材料结构往往是材料与结构一次成型的

复合材料结构设计是包含材料设计在内的一种新的结构设计。对于传统的均质材料而言，由于材料是均质的，所以在没有进行特殊处理的前提下，同一机械结构各处的材料性能是相同的。在机械结构设计过程中，在采用均质材料时，只需要在完成结构设计后选取属性满足最薄弱环节技术要求的材料即可。因此，结构设计与材料选取是可以相对独立的。

复合材料的设计则与传统结构材料的设计存在显著不同。复合材料与复合材料构件是同时成型的，即在进行复合材料结构设计的同时，需要同时考虑复合材料的制备工艺以及基体材料和增强纤维的选取、比例、纤维结构等材料属性。根据构件形状设计模具，再根据铺层设计来铺设增强纤维，使基体材料与增强纤维组合、固结后获得复合材料构件，制备材料与结构件成型时同步进行，也称这种制造过程为一次成型。一次成型后，复合材料构件即可供直接使用的成型方法称为净成型。构件的连接(螺接、铆接、焊接、黏接等)与机械切削加工及坯件的进一步塑性变形(主要是金属基复合材料的挤制、轧制和滚压)称为复合材料的二次加工。

对于纤维增强复合材料，由于其组成的特殊性，应尽量减少二次加工。纤维作为复合材料的增强体主要起到承载的作用，它的性能特性对复合材料性能的优劣起到决定性作用。如果纤维增强体的结构完整性遭到破坏，势必会对复合材料的力学性能造成严重影响。但是，在复合材料零件与其他零部件装配连接时，不可避免地要进行孔加工，破坏增强体的结构完整性。

对于开孔损伤而言，最为常见的一个问题是孔边区域的应力集中，并且在加工过程中孔口附近会产生基体裂纹、分层、开裂等微观损伤。这些微观损伤难以发现，对复合材料结构件是一大潜在威胁，它会对复合材料结构件的承载能力、使用寿命产生严重影响。随着航空、航天及军事装备技术的快速发展，对复合材料结构件的要求日益严格，因开孔而造成损伤也逐渐得到人们的重视。

复合材料的预制体通常是由不同方向的纤维组合而成，具有明显的各向异性和层间结合强度低等不利于开孔加工的因素；并且纤维作为复合材料的基本组元之一，具有良好的耐磨性以及较高的硬度，而基体材料如树脂、镁合金、铝合金等往往具有较低的硬度及良好的塑性。因此，在开孔过程中极易产生分层、撕裂、基体裂纹等加工缺陷。郭东明、高航等通过分析切削过程中材料去除的特点，详细观察钻孔孔壁表面、入口、出口的微观形貌，总结了钻孔缺陷产生类型及缺陷的特征，如图1-4所示。并在二元切削模型的基础上建立单丝切削模型，以单层碳纤维复合材料为研究对象，采用单点飞切式探索缺陷形成机理，分析刀具类型、切削速度对切削质量的影响；最后建立了钻孔缺陷出口侧缺陷分布模型。

国内外针对开孔造成的损伤问题提出了不同的研究方法，常见的有：孔边应力法、两参数法、临界单元方法和逐渐损伤分析方法。Chang等首先提出用于分析含孔层合板在拉伸载荷作用下极限强度的逐渐损伤模型，该模型不仅考虑了分层的损伤模式，同时还包括基体开裂、基体压缩、基体纤维剪切和纤维断裂等不

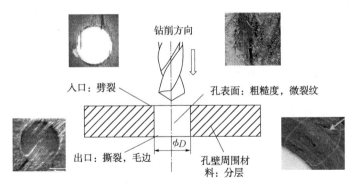

图 1-4　开孔中常见的加工缺陷

同的损伤模式。Tan 研究了含孔复合材料的测试方法及性能预测方法，并建立了含椭圆孔和圆孔的复合材料孔边应力分配模型。Tan 在分析开孔结构损伤时，假设铺层的刚度退化不是损伤产生的原因，而是通过假定一个描述铺层损伤状态的材料参数因子来确定材料刚度的退化。当纤维在铺层的整个横向宽度上断裂或者所有的铺层都产生了很大的基体开裂时则认为层合板破坏。Lindhagen 发现当切口根部的最大弹性应力达到纤维的断裂强度时，纤维发生断裂而造成损伤，对于低塑性的复合材料，切口半径对切口强度有很大的影响。

　　此外，一些研究人员对含孔复合材料的强度建立预测模型。Tan 等建立了一个退化方式相对简单的二维模型，并且模型的应力-应变关系中考虑了由环境因素引起的初始湿热应变，以便更加准确地对复合材料层合板开孔拉伸和压缩失效进行模拟分析。当满足 Tsai-Wu 准则时，若纤维失效控制方程 $f(X_{\mathrm{t}}, X_{\mathrm{c}}, \sigma_1) < 1$ 则为基体失效，否则为纤维失效。同时引入了可视为常数的损伤系数来分析材料属性退化，将未退化模量与相应的损伤系数相乘即得到退化后模量。模型讨论了损伤系数对最终失效强度的影响，指出最终失效强度对纤维方向损伤系数十分敏感。Pham 等建立了准各向同性双边开口层合板的渐进性失效模型，模型采用了材料属性退化-内聚力方法，即用内聚力单元模拟分层，用常规的材料属性退化处理层内单元。此外，他还指出，层合板层厚放缩时，早期典型的断裂力学准则和孔边应力准则预测的强度值较实验结果误差较大。

　　综上所述，现阶段对于复合材料开孔性能的预测研究主要分为数值理论计算和实验测量两大类方法。其中数值理论计算方法对于刚度的预测较为准确，但是对于强度的预测则精度要差很多。其原因在于强度对缺陷敏感，与材料的破坏机制密切相关，而复合材料的破坏机制又相当复杂。复合材料的破坏取决于多种因素，除了纤维与基体的物理性能、力学性能、纤维形状、分布与体积含量有关外，还受纤维基体的界面状况、工作环境和载荷状态(如湿热、疲劳、冲击等)的影响也很大；这些复杂的因素给预测带来了麻烦。而实验验证则由于复合材料的性能离散性，必须通过大量的实验数据才能得出一个较为可靠的数据。因此，关于含孔部位失效的损伤机理还缺乏一定的深入研究。所以，针对开孔造成的损伤与失效机理问题，尽管前人已经做了很大的努力，试图找到有关切口强度与切口敏感性的表达式，但由于复合材料的结构复杂性，还需做进一步的努力。

## 1.2 常见的基体种类

复合材料的基体是复合材料中的连续相，主要作用之一是将纤维黏接成整体，使纤维按照设计要求固定排列，形成一个整体。如果没有基体的连接作用，纤维丝束之间相互独立，这样大部分外载荷是由最直的纤维承受，屈曲的纤维起不到承受载荷的作用，且纤维很难作为结构材料使用。

纤维与基体复合后，在基体材料的作用下应力可以较均匀地分配给所有纤维，这样作用在复合材料上的载荷就可以通过基体材料以剪切分量的形式传递到碳纤维上，使所有纤维都起到承受外部载荷的作用。同时基体本身也具有一定的剪切强度和模量，这样复合材料就可以表现出纤维优良的力学性能。此外，基体材料包裹在增强纤维的周围，还可以起到保护纤维免受机械损伤和环境腐蚀的作用。

尽管纤维增强复合材料中增强纤维是主要的承载单元，但是基体的性能会明显地影响复合材料的性能，其中最为显著的表现就是失效模式上。基体材料自身的性能以及基体与纤维之间界面的性能可以明显地影响裂纹在复合材料中的扩展。比如在陶瓷等脆性大的基体材料中，裂纹扩展在过程中可以穿过纤维和基体扩展而不转向，使复合材料表现出脆性材料的特征，并且其破坏的断口处可呈现出整齐的断面。在基体材料强度过低或界面结合强度过低的基体材料中，由于应力无法得到有效的传递，纤维的承载作用会大打折扣，复合材料的强度也会较低。只有基体材料和界面强度合适的情况下，裂纹产生后裂纹扩展遇到纤维后会进行偏转，沿着纤维的轴向或周向继续扩展，而不是促使纤维断裂。这就可以吸收更多的能量，使复合材料表现出一定的韧性材料的特征，复合材料的强度也会得到提高。

同时，基体材料作为纤维增强复合材料的重要组成部分，其自身的部分性能会直接反应在复合材料的性能上，比如：密度、硬度、导电性、导热性等。基体材料的正确选择对能否充分组合并发挥基体材料和增强纤维的性能特点，获得预期的优异综合性能以满足使用要求十分重要。

常见的基体材料有树脂、金属、陶瓷等不同大类，不同大类的基体材料又可以细分成无数的小类，这样就构成了纤维增强复合材料基体材料的多样性。以下从树脂基体、金属基体、陶瓷基体等不同的大类简要介绍常见的基体材料特性。

### 1.2.1 树脂基体

由于树脂具有工艺性良好、能在室温下固化、常压下成型、工艺装置简单等优点，使其应用远远超过其他基体材料。树脂是纤维增强复合材料乃至复合材料的最主要基体材料。一般说来，增强纤维在树脂固化的中温范围内表现为化学惰性，不会像在金属基复合材料制备时，在高温范围内发生那样剧烈的界面反应腐蚀纤维，并且基体具有相当大的弹性形变，有利于外部载荷在纤维之间的平均分配。

此外，树脂与增强纤维之间几乎没有什么化学的相互作用。因此，与金属基或陶瓷基复合材料相比树脂基体和增强纤维之间的相容性问题也很简单。树脂基体的材料属性在很大程度上决定了复合材料的成型工艺性、耐热性、热氧化稳定性、冲击韧性、耐介质性能和部分力学性能。

作为基体材料的树脂一般可以分为热固性树脂与热塑性树脂两类。

（1）热固性树脂是由某些低分子的合成树脂在加热、固化剂或紫外线等作用下，发生交联反应并经过凝胶化阶段和固化阶段形成不熔、不溶的固体。热固性树脂在第一次加热时热固性树脂可以软化流动，加热到一定温度后便产生化学反应，交联固化而变硬，这种变化是不可逆的。此后，再次加热时，热固性树脂不会再次变软流动了。

在复合材料制备时利用热固性树脂第一次加热时可以塑化流动的特性，与增强纤维进行复合，制备成复合材料。常用作复合材料热固性树脂主要包括不饱和聚酯、环氧、酚醛、双马、苯并噁嗪、氰酸酯、芳基乙炔、聚酰亚胺等（表1-1），其中高耐热的环氧、双马、氰酸酯、聚酰亚胺常作为航空航天结构应用于先进复合材料的树脂基体；酚醛、苯并噁嗪、芳基乙炔等高残碳率的树脂基体常用作航天耐烧蚀复合材料树脂基体；民用复合材料对树脂基体的要求更注重成本和工艺性，常以不饱和聚酯、环氧、酚醛等为主。

表1-1 热固性树脂及塑料的主要特性和用途

| 名　称 | 特　性 | 成型性能 | 用　途 |
|---|---|---|---|
| 酚醛树脂 | 电绝缘性能和力学性能良好，耐水性、耐酸性和耐烧蚀性能优良 | 优 | 电气绝缘制品，机械零件，黏接材料及涂料 |
| 环氧树脂 | 黏接性和力学性能优良，耐化学药品性（尤其是耐碱性）良好，电绝缘性能好，固化收缩率低，可在室温、接触压力下固化成型 | 优 | 力学性能要求高的机械零部件、电器绝缘制品，黏接剂和涂料 |

| 名 称 | | 特 性 | 成型性能 | 用 途 |
|---|---|---|---|---|
| 不饱和聚酯树脂 | | 可在低压下固化成型,其玻璃纤维增强塑料具有优良的力学性能,良好的耐化学性和电绝缘性能,但固化收缩率较大 | 良 | 建材、结构材料,汽车,电器零件,纽扣,还可作涂料、胶泥等 |
| 有机硅树脂 | | 耐热性和电绝缘性能优异,疏水性好,但力学性能差 | 良 | 电气绝缘材料、疏水剂、脱模剂等 |
| 聚氨酯 | | 耐热、耐油、耐溶剂性好,强韧性、黏接性和弹性优良 | 优 | 隔热材料,缓冲材料,合成皮革,发泡制品 |
| 氨基树脂 | 脲醛树脂 | 本身为无色,着色性好,电绝缘性良好,但耐水性差 | 中 | 电器零件,食品器具,木材和胶合板用胶黏剂 |
| | 三聚氰胺树脂 | 本身为无色,着色性好,硬度高、耐磨耗性良好,电绝缘性和耐电弧性优良 | 差 | 电器机械零件,化妆板及胶黏剂和涂料等 |
| 醇酸树脂 | | 黏结包覆性良好,耐候性好,涂膜强韧 | 中 | 涂料(特别是耐烧蚀涂料) |
| 二烯丙酯树脂 | | 电绝缘性优异,尺寸稳定性好 | 优 | 绝缘电器零件,精密电子零件 |
| 呋喃树脂 | | 耐化学药品性优良,热稳定性和电绝缘性能良好 | 中 | 电器零部件,耐化学药品性制品 |

(2)热塑性树脂是指具有线型或支链型结构的高分子树脂。与热固性树脂相比,热塑性树脂固化后再次加热到一定温度后依旧会软化至液态。因此,热塑性树脂基体可以反复成型、加热可焊接,在制备复合材料时只需升温、加压成型、冷却即可完成制备过程,生产效率高。所以,尽管热塑性树脂基复合材料发展较晚,但这类复合材料具有很多热固性树脂所不具备的优点,故一直在快速增长。除了上述工艺优势外热塑性树脂还具有如下优点:首先是热塑性树脂本身的断裂韧性好,提高了复合材料的抗冲击能力;其次是吸湿性低,可改善树脂基复合材料的耐环境能力。

作为复合材料基体的热塑性树脂较多,包括各聚苯硫醚、聚醚醚酮、聚酰亚胺、聚醚砜、聚醚酰亚胺等。民用热塑性复合材料常用价格低廉、工艺性较好的热塑性树脂,如聚乙烯、聚丙烯、聚酰胺等(表1-2)。英国帝国化学工业集团公司(ICI)推出的聚醚醚酮(PEEK,商品名Victrex)综合性能最为优良(后被Cytec收购),具有耐热等级高(UL温度指数达到250℃)、耐疲劳、耐冲击、耐湿热、耐辐照以及阻燃性好等特点。以Victrex PEEK树脂为基体,ICI公司又推出了APC-1和APC-2两种高性能热塑性树脂基复合材料,APC-2树脂基复合材料具有优良的耐环境性能和韧性，最高使用温度可达260℃（非承力结构）。

表 1-2 新型高性能热塑性树脂

| 树脂 | 英文缩写及商品牌号 | 形状 | $T_f$/℃ | $T_m$/℃ | 成型温度/℃ | 生产厂家 |
|---|---|---|---|---|---|---|
| 聚醚醚酮 | PEEK | 半结晶 | 143 | 343 | 400 | ICI |
| 聚醚酮 | PEK | 半结晶 | 165 | 365 | 400~450 | BASF |
| 聚醚酮酮 | PEKK | 半结晶 | 156 | 338 | 380 | DU Pont |
| 聚芳基酮 | PAK(PXM8505) | | 265 | | — | Amoco |
| 聚芳基酮 | PAK(APC-HTX) | 半结晶 | 205 | 386 | 420 | ICI |
| 聚苯硫醚 | PPS(Ryton) | 半结晶 | 90 | 290 | 343 | Phillips Pet. |
| 聚芳基硫醚 | PAS(PAS-2) | 无定形 | 215 | | 329 | Phillips Pet. |
| 聚酰胺 | PA(J-1) | 半结晶 | 145 | 279 | 343 | DU Pont |
| 聚酰胺 | PA(J-2) | 无定形 | 145 | | 300 | DU Pont |
| 聚酰胺酰亚胺 | PAI(Torlon) | | 275 | | 400 | Amoco |
| 聚酰胺酰亚胺 | PAI(Torlon AIX638) | | 243 | | 350 | Amoco |
| 聚醚酰亚胺 | PEI(Ultem 1000-6000) | 无定形 | 217 | | 350~400 | G. E. |
| 聚醚酰亚胺 | PEI(P-IP) | 半结晶 | 270 | 380 | 380~420 | Mitsui Toatsu |
| 聚酰亚胺 | PI(Avimid K-Ⅰ) | 无定形 | 295 | | 370 | DU Pont |
| 聚酰亚胺 | PI(Avimid K-Ⅱ) | 无定形 | 250~280 | | 360 | DU Pont |
| 聚酰亚胺 | PI(Avimid K-Ⅲ) | 无定形 | 250 | | 343~360 | DU Pont |
| 聚酰亚胺 | PI(Avimid N) | 无定形 | 340~370 | | | DU Pont |
| 聚酰亚胺 | PI(LaPc -TPI) | 无定形 | 264 | 325 | 350 | Mitsui Toatsu |
| 聚酰亚胺砜 | PIS(PISO2) | | 273 | | 343 | Hig Tech Services |
| 聚砜 | PSU(LDELP-1700) | 无定形 | 190 | | 300 | Amoco |
| 聚砜 | PSU(RADEL A400) | 无定形 | 220 | | 330 | Amoco |
| 聚醚砜 | PES(HTA) | 无定形 | 260 | | 400~450 | ICI |
| 聚醚砜 | PES(VICTREX 4100G) | | 230 | | 300 | ICI |
| 聚酯 | XYDAR SRT-300 | 液晶 | 350 | 421 | 400 | Dartco |

## 1.2.2 金属基体

金属基体是指可以作为复合材料基体材料的金属及其合金材料。从 20 世纪 60 年代开始，由于航空航天领域对轻质、高强的要求，金属基复合材料在世界范围内得到了广泛研究和发展。金属基体的选择对复合材料的性能有决定性作用。金属基体的密度、强度、塑性、导热性、导电性、耐热性、抗腐蚀性等将影响复合材料的比强度、比刚度、耐高温、导热、导电等性能。

1. 金属基体的优点

虽然金属基体的应用没有树脂基体广泛，但是金属作为复合材料的基体有其独特的优势。相对于常见的树脂基复合材料，在性能方面除具有高比强度、高比模量和低热膨胀系数等与其有相似的特点外，还有能耐更高温度、刚度高、不吸潮、高导热与导电率、抗辐射性能好、在使用时不放出气体等优点，综上所述其中最为突出的优点如下：

1）金属基体更好的耐高温性能且对温度变化不敏感

树脂基体的抗热冲击性能对温度变化十分敏感，特别在接近树脂玻璃化温度时更为明显。树脂不仅在中温会变软，而且高温下的抗氧化、抗腐蚀性也大大降低。比如环氧树脂，一般在无氧气存在时，环氧树脂本体热分解温度在300℃以上；而在空气中使用时，一般在180~200℃就会发生热氧化分解。多数脂环族环氧树脂在200℃以下比较稳定，但在高于200℃时热氧化破坏比双酚A型环氧树脂更严重。尽管人们研发了一系列的耐高温树脂，但是树脂基复合材料通常只能在350℃以下的不同温度范围内使用。陶瓷基体的耐高温性能比较优异，但是陶瓷材料的抗热冲击性能比金属材料差，因而常常使其应用受到限制。

金属基体的高温性能比树脂基体高很多，并且在制成纤维增强复合材料之后，这种耐高温的优势表现得更加明显。金属基体具有很高的高温强度和模量，传递载荷的能力几乎可以保持到接近金属熔点。而纤维强度在高温下几乎不下降，在高温下依旧可以起到很好的承载能力，所以纤维增强金属基复合材料的高温性能可保持并比金属基体的高温性能高许多。如石墨纤维增强铝基复合材料在500℃高温下，仍具有600MPa的高温强度，而铝基体在300℃强度已下降到100MPa以下；又如钨纤维增强耐热合金，在1100℃、100h高温持久强度为207MPa，而基体合金的高温持久强度只有48MPa。因此金属基复合材料被选用在发动机等高温零部件上，可大幅度提高发动机的性能和效率。近些年来正在研究适用于350~1200℃使用的各种金属基复合材料，其做成的零部件比金属材料、树脂基复合材料零件耐高温性能更好。

2）金属基体具有高韧性和高冲击性能

纤维增强复合材料中的增强纤维一般都是线弹性体，其本身属于硬脆材料，冲击性能不好。如果基体材料的韧性和冲击性能同样不好的话，纤维增强复合材料也会像玻璃或陶瓷一样，即使具有很高的强度和刚度，但在受到冲击的时候也会很容易破坏。韧性基体可以通过塑性变形促使屈曲的纤维伸直，从而有利于载荷在纤维上的均匀分布，提高复合材料强度。同时韧性基体还能使裂纹钝化并减少应力集中，改善材料的断裂韧性。多数金属基体材料像铝、钛或镍铬合金等都属于韧性基体，在受到冲击时能通过塑性变形吸收能量，使其制备的复合材料具有高韧性和高冲击性能。

3）金属基体的导热、导电性强

（1）良好的导热性可有效传热，使多余的热量迅速散失，减少构件受热后产生的温度梯度和热膨胀，这对于尺寸的稳定性要求较高的构件尤为重要。例如：受"热胀冷缩"的影响，天文光学望远镜主镜和副镜之间的位置精度会发生改变，从而使成像质量降低；通信卫星的天线支架发生热变形时会导致天线发生偏移而与地面通信发生偏差；太空中卫星经历的巨大温差会引发太阳能电池与基板发生非协调热变形而剥落等。

对于纤维增强复合材料而言基体材料与增强纤维的热膨胀系数存在很大的差异。如果基体材料的导热性能不好，多余的热量无法得到快速的散失后会使复合材料的温度逐渐升高。从而致使纤维与合金的界面处因两者的热膨胀系数不同而产生热应力。当热应力超过基体与纤维之间的结合强度时，将引发界面处基体的晶格畸变以及界面滑移，并导致空位和微裂纹的产生，从而引发应力松弛，最终结果会使复合材料在升温过程中沿纤维方向（尤其是在纤维端部）发生损伤及剥落现象。

（2）良好的导电性可以使产生的静电或外部电流冲击迅速扩散，可防止飞行器构件产生静电聚集，避免放电带来的安全隐患。雷电携带的巨大电流和极高电压会冲击复合材料，产生极高的温度和巨大的冲击波，引起复合材料烧蚀、开裂和穿孔，严重威胁飞机的飞行安全。此外，雷电发生时，会产生剧烈变化的电磁场，产生电磁力和感应电流，可能损害飞机内部的电子设备。因此，基体的导电性对纤维增强复合材料的雷击防护具有重要意义。

金属基复合材料中由于基体是金属材料，所以仍保持金属所具有的良好导热性和导电性。因而金属基复合材料可以使局部的高温热源和集中电荷很快扩散消除，可以使得像"雷击""热气流冲击"等问题产生的电击能或热冲击很快被传导开从而减轻破坏。

4）金属基体无毒、不吸湿、不老化

前文介绍过树脂基体会发生老化而性能急剧下降，造成树脂老化的原因有很多，其中最主要的原因就是外界因子如大气中的水、热、光等的影响下，树脂分子断裂。这就造成树脂基复合材料存在一定的安全隐患。与树脂基体相比金属基体性质稳定、组织致密、不会老化、分解、吸潮等，也不会发生性能的自然退化。

5）加工精度高

碳纤维树脂基复合材料由于树脂退化的作用，使得材料的加工精度不高，而在金属基复合材料中，由于合金刚度的存在，使得其加工精度远高于树脂基碳纤维复合材料，改变了碳纤维复合材料在尺寸精度要求较高时受限的局面，使得碳纤维复合材料适用于精度要求较高的场合。

2. 常用的金属基体

作为纤维增强复合材料金属基体的金属或合金很多，比如铝及铝合金、镁合金、钛合金、铜与铜合金、锌合金、铅、钛铝及镍铝金属间化合物等。目前常见的复合材料金属基体有：

1）铝及铝合金

作为轻金属的铝及铝合金与传统金属材料相比，其密度小、在减重方面有其先天的优势，所以在制备复合材料后其比强度和比刚度高，导电导热和尺寸稳定性能好。在航空航天、通信、电子、汽车等工业领域中具有广阔应用前景。

由于使用铝合金为面心立方结构，因此具有良好的塑性和韧性，同时具有易加工性、工程可靠性及价格低廉等优点。此外，铝在常温下与氧气反应生成氧化铝，是一层致密的氧化膜对里面的金属起着保护作用，具有很好的耐腐蚀性，为其制备铝基复合材料及在工程上应用创造了有利的条件。在制造铝基复合材料时通常并不是使用纯铝而是用各种铝合金，这主要是由于与纯铝相比铝合金具有更好的综合性能，至于选择何种铝合金做基体则需要根据实际中对复合材料的性能需要来决定。

针对采用铝基体制备复合材料的众多优异性能特点及巨大应用潜力，国内不少高校和科研机构已经对其开展了研究工作，在增强体的选择上也不仅限于纤维，其中颗粒增强体的研究也较为广泛。上海交通大学、哈尔滨工业大学、中南大学、西北工业大学、中科院金属所等都对铝基复合材料制备和应用技术进行了较深入的研究。哈尔滨工业大学研制的 SiCW/Al 复合材料管件用于某卫星天线丝杠，北京航空材料研究院研制的三种 $SiC_p$/Al 复合材料精铸件(镜身、镜盒和支撑轮)用于某卫星遥感定标装置，并且成功地试制出空间光学反射镜坯缩比件。上海交通大学近年来开展了铝基复合材料制备工艺优化、制备工艺多样化，以及近净成型加工技术，开发出轻质高性能的铝基复合材料及构件，在我国重大工程和型号的关键机构和结构上不断取得了新的应用进展。可见深入开展 $C_f$/Al 复合材料制备研究，将为其在航空航天结构及功能件上的应用做好储备和打下基础，具有较好的学术探索价值和应用意义。

然而，碳纤维与铝合金的润湿性较差，高温时两者均易于氧化变质，二维(2D)碳纤维预制体的纤维体积分数高且临界浸渗压力大，如果工艺控制不当很难实现复合材料的充分和均匀浸渗，为实现制件有效制备，除了需要复合材料组织性能理想外，还必须保证制件的高质量成型，因此深入研究复合材料制件的制备工艺与缺陷控制技术具有重要意义。

2）镁合金

纯镁因强度低、流动性差等原因，不适合作为镁基复合材料的基体。一般需要添加合金元素进行合金化，所以通常选择镁合金作为复合材料的基体。主要合金元素有 Al、Zn、Li、Ag、Zr、Th、Mn、Ni 和稀土金属等，其中 Al、Zn、Li 最为常用，它们在镁合金中具有固溶强化、沉淀强化、细晶强化等作用。添加少量 Al、Mn、Zn、Zr、Be 等可以提高强度；Mn 可提高耐蚀性；Zr 可细化晶粒和提高抗热裂倾向；稀土金属除具有类似 Zr 的作用外，还可以改善铸造性能、焊接性能、耐热性以及消除应力腐蚀倾向；Li 除可在很大程度上降低复合材料的密度外，还可以大大改善基体镁合金的塑性。

镁基复合材料应根据其使用性能选择基体合金，侧重铸造性能的连续纤维，增强复合材料可选择铸造镁合金为基体；侧重挤压性能的短切纤维，增强复合材料则一般选用变形镁合金。目前常用的铸造镁合金按照合金化元素分为 Mg-Al-Zn、Mg-Zn-Zr 和 Mg-RE-Zr 等。铸造镁合金中合金元素含量高于变形镁合金，以保证液态合金具有较低的熔点、较高的流动性和较少的缩松缺陷等，同时具有结晶温度间隔大、体收缩和线收缩大等特点。

镁基复合材料比铝基复合材料更轻，具有更高的比强度和比刚度，将是航空航天方面的优选材料，但是由于镁合金的化学性质更加活泼，且易与增强纤维形成电化学腐蚀，所以在耐腐蚀方面不如铝基复合材料。

$C_f/Mg$ 复合材料在航空航天的高精度空间结构材料、汽车工业以及军工制造等领域中显示出巨大的应用前景，主要用作航天器结构材料如卫星天线的桁架结构、航天站的安装板、空间反射镜的支撑结构以及航天器的光学测量系统等。$C_f/Mg$ 复合材料用于人造卫星抛物面天线骨架，使天线效率提高 539%；美国海军卫星上已将镁基复合材料作为支架、轴套、横梁等筒形构件使用，其综合性能优于铝基复合材料。在美国国防部支持的先进计划中，碳纤维增强镁基复合材料的研究也得到了顺利进行，图 1-5 是 Martin Marietta 航空公司、Dupont Lanxide 公司与 FMI 航空公司合作，采用真空铸造法制备的体积分数 40%、直径 50mm、长 1.2m 的 P100/AZ91C 复合材料刚性管件，以及用其组装的稳定的桁架结构。

图 1-5　P100/AZ91C 复合材料管材

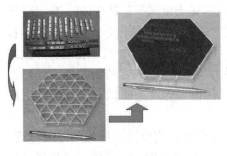

图 1-6 反射镜蜂窝结构

2004 年，美国航空航天局（NASA）也在其网站上公布了他们在 $C_f/Mg$ 复合材料方面的研究成果，并发布了用这种材料制备的空间反射镜的蜂窝状支撑结构，如图 1-6 所示。该反射镜采用二维连续碳纤维增强镁基复合材料以实现高度方向上的零膨胀，可代替有毒的铍材料。

此外，$C_f/Mg$ 复合材料还具有优良的阻尼减震、电磁屏蔽等性能，在汽车制造工业中用作方向盘减震轴、活塞环、支架、变速箱外壳等，通信电子产品中的手机、便携式电脑等也用来作外壳材料。对于空间应用及交通领域来说，都需要发展如高弹性模量、高比强度、高耐磨性能的轻质材料。而且，在未来的几十年中，人类社会的老龄化问题将日益突出，发展各种超轻结构材料对于老年人独立工作及日常生活是十分必要的。$C_f/Mg$ 复合材料以其固有的优良性能，将会具有更广阔的发展空间，在材料应用领域上发挥出更大的作用。

3）钛及钛合金

钛基体主要有 α 钛、α+β 钛、β 钛、TiAl(γ)、及 $Ti_3Al$ 等，根据不同的要求选用不同的基体。钛合金密度小、强度高、高温性能好、耐腐蚀，在 450~650℃温度范围仍具有高强度。除此之外，钛还有两个优点：

（1）钛合金的线膨胀系数比其他绝大多数结构材料小，接近于硼（表 1-3）。在制备连续纤维增强钛基体复合材料时，要求增强纤维与基体的热膨胀系数的差别要小，以减少由于热膨胀系数的不匹配造成的显微裂纹，而且比基体更稳定。所以，钛基复合材料中最常用的增强体是硼纤维。

表 1-3 基体和增强体的热膨胀系数

| 基体 | 热膨胀系数/($10^{-6}$/℃) | 增强体 | 热膨胀系数/($10^{-6}$/℃) |
|---|---|---|---|
| 铝 | 23.9 | 硼 | 6.3 |
| 钛 | 8.4 | 涂 SiC 硼 | 6.3 |
| 铁 | 11.7 | 碳化硅 | 4.0 |
| 镍 | 11.3 | 氧化铝 | 8.3 |

（2）钛的强度高，尤其是高温时强度保持较好。因而在制造复合材料时，非纵轴的增强物的用量就可以少于基体的需要量。利用纤维强化或颗粒强化后，钛基复合材料可进一步提高使用温度。因此，对飞机结构来说，当速度从亚音速提高到超音速时，钛合金比铝合金显示出了更大的优越性。用于高温的 TMCs 要求增强纤维的高温性能要好，在1000℃以上仍具有高的弹性模量和拉伸强度。增强

纤维主要采用与钛不易反应的 SiC、TiC 系或 SiC 包覆硼纤维，还有用耐高温的金属纤维。复合材料的强度与界面有很大关系，若界面的剪切强度比基体大，则断裂发生在基体或纤维内，在大多数情况下，相互作用生成的相间化合物的剪切强度低是断裂的原因。

4）镍及镍合金

由于镍的高温性能优良，因此这种复合材料主要用于制造高温下工作的零部件。人们研制镍基复合材料的一个重要目的，即是希望用它来制造燃气轮机的叶片，从而进一步提高燃气轮机的工作温度。但目前由于制造工艺及可靠性等问题尚未解决，所以还未能取得满意的结果。

### 1.2.3　陶瓷基体

陶瓷材料主要由离子键、共价键，或者它们的混合键组成固体化合物，化学性质非常稳定，它和金属材料、高分子材料并列为当代三大固体材料。一般将陶瓷分为传统陶瓷和先进陶瓷。众所周知，传统陶瓷是指陶器和瓷器，也包括玻璃、水泥、搪瓷、砖瓦等人造无机非金属材料。随着现代科学技术的发展，出现了许多性能优异的新型陶瓷，即先进陶瓷材料。先进陶瓷材料突破了传统陶瓷的界限，不仅含有氧化物，还有碳化物、硼化物和氮化物等，具有比传统陶瓷更加优良的性能。

人们对于传统陶瓷的使用已有几千年的历史，由于这些材料都是以含二氧化硅的天然硅酸盐矿物质，如黏土、石灰石、砂子等为原料制成的，所以传统陶瓷材料也称为硅酸盐材料。陶瓷材料具有与金属和树脂不同的特性，大多具有熔点高、绝缘性好、硬度大、耐腐蚀、脆性、耐热冲击性等特点。虽然陶瓷的许多性能优于金属，但它也存在致命的弱点，即脆性强、韧性差，很容易因存在裂纹、空隙、杂质等细微缺陷而破碎，因而大大限制了陶瓷作为承载结构材料的应用。

由于先进陶瓷的物理性质与传统陶瓷有很大区别，因此很难用物理性能来对陶瓷下定义。近年来，陶瓷材料的韧化问题逐渐成为研究人员研究的一个重点问题，并且取得了初步成果。连续纤维增强的陶瓷基复合材料不仅比单体陶瓷断裂韧性高，而且表现出非弹性形变行为。由于非弹性形变，此类复合材料的缺点是敏感性低，强度几乎不依赖于试样尺寸。这些力学性能在表观上与金属材料相似，因此引起了材料工作者的研究和应用兴趣。

用作纤维增强复合材料基体材料使用的陶瓷一般应具有优异的耐高温性质、与纤维之间有良好的界面相容性以及较好的工艺性能等，主要有氧化物陶瓷、氮化物陶瓷、碳化物陶瓷和玻璃等。

1. 氧化物陶瓷

作为复合材料基体材料使用的氧化物陶瓷主要有 $Al_2O_3$、$ZrO_2$、$MgO$ 和 $SiO_2$

等。其中 $Al_2O_3$ 陶瓷根据主晶相的差异，可分为刚玉瓷（$\alpha\text{-}Al_2O_3$ 为主晶相的氧化铝陶瓷称为刚玉瓷，属于六方晶系，密度为 3.90g/cm³，熔点为 2050℃）、刚玉-莫来石（以 $\alpha\text{-}Al_2O_3$ 和 $3Al_2O_3 \cdot 2SiO_2$ 为主晶相，烧结温度为 1350℃ 左右）及莫来石（以 $3Al_2O_3 \cdot 2SiO_2$ 为主晶相的称莫来石瓷，属斜方晶系，密度为 3.23g/cm³，熔点为 1810℃）等。纯 $ZrO_2$ 密度为 5.6~5.9g/cm³，熔点为 2680℃，有立方、四方、单斜三种晶型，它们之间可以相互转化。立方相为萤石型结构，四方相为变形的萤石结构，单斜相可能是一种萤石结构的畸变形式。

氧化物陶瓷主要为单相多晶结构，除晶相外，可能还含有少量气相（气孔）。微晶氧化物的强度较高，粗晶结构时，晶界面上的残余应力较大，对强度不利，氧化物陶瓷的强度随环境温度升高而降低，但在 1000℃ 以下降幅较小。这类陶瓷基复合材料应避免在高应力和高温环境下使用。这是由于 $Al_2O_3$ 和 $SiO_2$ 的抗热震性较差，$SiO_2$ 在高温下容易发生蠕变和相变。虽然莫来石具有较好的抗蠕变性能和较低的热膨胀系数，但使用温度也不宜超过 1200℃。

2. 氮化物、碳化物、硼化物陶瓷基体

除了氧化物陶瓷基体外，一些氮化物、碳化物、硼化物等陶瓷材料同样也可以作为纤维增强复合材料的基体材料使用，而且不同的陶瓷基体均有其独特的性能优势，见表 1-4~表 1-6。

表 1-4 氮化物陶瓷性能指标

| 陶瓷基体 | 晶体结构 | 密度/（g/cm³） | 熔点/℃ | 热膨胀系/（$10^{-6}$/K） | 热导率/［W/(m·K)］ |
| --- | --- | --- | --- | --- | --- |
| $Si_3N_4$ | 六方晶系 | 3.44 | 1900（加压下） | 2.8~3.2 | 18.4 |
| BN | 六方晶系 | 2.27 | 3000 | | |
| AlN | 六方晶系 | 3.26 | 2450 | 4.5 | 20.10~30.14 |
| TiN | 立方晶系 | 5.40 | 3290 | 9.35 | 29.1 |

表 1-5 碳化物陶瓷性能指标

| 陶瓷基体 | 晶体结构 | 密度/（g/cm³） | 熔点/℃ | 热膨胀系/（$10^{-6}$/K） | 弹性模量/GPa | 体积电阻率/（Ω·m） |
| --- | --- | --- | --- | --- | --- | --- |
| SiC | 六方结构 | 3.21 | 2600 | | | |
| ZrC | 面心立方 | 6.66 | 3530 | 6.74 | 347.9 | $75.0 \times 10^{-7}$ |
| $Cr_3C_2$ | | 6.68 | 1895 | 11.77 | 380 | $7.5 \times 10^{-7}$ |
| WC | 六方晶系 | 15.7 | 2720 | 3.84 | 69 | $1.9 \times 10^{-7}$ |

表 1-6　硼化物陶瓷性能指标

| 陶瓷基体 | 晶体结构 | 熔点/℃ | 密度/$(g/cm^3)$ | 线胀系数/$(10^{-6}/K)$ | 弹性模量/GPa | 热导率/$[W/(m \cdot K)]$ |
|---|---|---|---|---|---|---|
| $ZrB_2$ | 六方晶系 | 3040 | 6.1 | 6.88 | 343 | 24.3 |
| $TiB_2$ | 六方晶系 | 2980 | 4.45 | 8.1 | 529 | 24.3 |
| $HfB_2$ | 六方晶系 | 3250 | 10.5 | 5.73 | — | — |
| $LaB_6$ | 六方晶系 | 2530 | 4.76 | 6.4 | 460 | — |

## 1.2.4　碳基体

碳材料的高温性能优越，在高温下不软化也不熔化，直至2500℃以上才发生升华。因此，以碳或石墨材料作为复合材料的基体时可以使复合材料具有优异的耐高温性能。作为碳基体的碳材料又可分为热解碳和浸渍碳两类。

热解碳主要由甲烷、乙烷、丙烷和乙烯以及低分子芳经等碳源物质经高温裂解生成碳，来源丰富且成本低。按照碳源物质的不同碳基体有热解碳和浸渍碳两种。

热解碳有三种常见的典型的结构类型，即光滑层、粗糙层和各向同性相。由于热解碳独特的结构使其具有优良的力学特性和生物相容性。研究发现含一定量硅的各向同性热解碳其耐久性更好，生物稳定性更好。James Lankford博士认为，热解碳结构与石墨有关，但又存在微妙的区别。在石墨中，碳原子以共价键在平面六边形上排列，层与层以弱键方式堆叠。而对于热解碳来说，层间堆叠是折皱无序或扭曲变形的。正是这种扭曲结构使得热解碳具有很好的耐久性。另一方面，热解碳类似陶瓷材料，脆性较大，如果其中存在裂纹，那么这种材料不能抵抗裂纹的蔓延，在较低的负荷下也会断裂。

浸渍碳主要由沥青和树脂等碳源物质高温转化而成。作为碳源的沥青主要采用天然沥青和煤沥青，而树脂则可采用热固性树脂，也可采用热塑性树脂。常用的热固性树脂有酚醛、呋喃、糠醛、糠醇等；热塑性树脂有聚醚醚酮、聚芳基乙炔、聚苯并咪唑等。沥青或树脂等碳源物质在碳化过程中会收缩，收缩率将严重影响二向增强的碳/碳复合材料的性能，收缩对多向复合材料性能的影响比二向复合材料小。

沥青浸渍碳通常为低压或常压下残余碳，因而产碳率较低，但易于石墨化，最终生成的石墨为各向同性的，其电阻率低、热导性好、模量高。沥青是热塑性的，软化点约为400℃，碳化时加压将影响热解碳的微观结构和收缩率。用沥青作为基体的先驱体可归纳成以下要点：0.1MPa下的碳收率约为50%；在≥10MPa压力下碳化，有些沥青的碳收率可高达90%。

树脂浸渍碳是经高温生成的，通常产碳率较高，但难以石墨化，且电阻率高，热导率差，最终生成的是各向异性的石墨。绝大多数热固性树脂热解时形成玻璃态碳，即使在 3000℃ 时也不能转变成石墨。预加张力需先在 400~600℃ 碳化，然后再石墨化都有助于转变成石墨结构。

## 1.3　常见的增强纤维

增强纤维种类繁多、形式多样，目前常见的纤维种类有碳纤维、玻璃纤维、芳纶纤维等，而且纤维又可以制备成丝束、布、毡等不同的结构形式，如图 1-7 所示。纤维作为复合材料主要的承载相，其自身的性能对复合材料的性能影响巨大，除此之外，纤维的种类、排布方式以及含量对复合材料的性能也有很大的影响。所以，制备纤维增强复合材料时可以直接用基体材料对纤维进行浸渗后制备成复合材料；也可以先将纤维根据结构工况和形状要求，制备成具有大量孔隙的纤维预制体，然后再将基体材料填充进预制体的孔隙中制备成复合材料。

(a)丝束　　　　　　　　　　(b)布　　　　　　　　　　(c)毡

图 1-7　常见的纤维结构

预制体是制备一些纤维增强复合材料的基础，尤其是在结构件的形状控制方面。预制体成型的方法主要有：按编制方法分为有短切纤维通过模压或者喷射成型工艺制成的纤维布叠层或碳毡；长纤维以布、带或条的形式缠绕而成；纤维束的机织、编织以及多向立体编织；在垂直方向上单穿刺纤维束，以及多种形式的复合；按增强的方式可以分为一维(1D)、二维(2D)、三维(3D)以及多维等。其中，一维的沿纤维轴向方向上可以获得最高的拉伸强度，但由于纤维层间无束缚力的存在，层间的剪切性能很差，除了某些特殊情况通常不被用来作为预制体结构件；二维在面内的各项性能好，但在层间和垂直方向的层间结合性能差，三维克服了二维的缺陷改善了层间和垂直方向的性能，而在三维基础上发展出来的四维(4D)、五维(5D)、七维(7D)和十一维(11D)增强的预制体，各向同性很好，整体的结构强度和性能更好，适用于一些对预制体要求很高的条件。一般在实际中，常用的是 2D 和 3D 碳纤维预制体，这主要是多维的编制比较复杂，成本很高。多维编织碳纤维预制体的结构如图 1-8 所示。

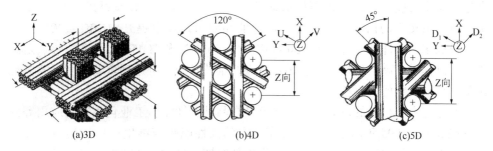

(a)3D                    (b)4D                    (c)5D

图1-8　多维编织纤维预制体的结构示意图

### 1.3.1　碳纤维/石墨纤维

碳纤维(Carbon Fiber)是含碳含量高于90%的纤维，其中含碳量高于99%的称为石墨纤维。碳纤维的密度为1.5~2.0g/cm³，最终取决于原料的性质及热处理温度，一般经过高温(3000℃)石墨化处理，密度可达2.0g/cm³。碳纤维的耐高、低温性能好。在隔绝空气下2000℃仍可保持一定强度；液氮下也不脆断。碳纤维的热导率高，但随温度的升高有减少的趋势。碳纤维的表面惰性低，并且石墨化程度越高，碳纤维表面惰性越大，与基体材料的黏结力比玻璃纤维差，所以碳纤维复合材料的层间剪切强度低。

研究发现碳纤维平行于其轴向在一定温度范围内表现出负膨胀特性，即随温度的升高，碳纤维有"变短变粗"趋势，并且在冷热循环的作用下其应力应变曲线出现了"滞回环"。在热循环的初始阶段"滞回环"会迅速向上移动，即碳纤维会变长。当冷热循环在30~100次之间时，"滞回环"的上移速度会变慢；当冷热循环次数大于100次时，"滞回环"的位置呈现稳定状态；当冷热循环次数在240次时，"滞回环"位置稍微向下移动。在升温或降温过程中，"滞回环"所对应的曲线的斜率呈现逐渐减小的趋势，说明热膨胀系数随着热循环的增加而增大。

#### 1. 碳纤维的发展

碳纤维的发展可以追溯到1880年，爱迪生用棉、亚麻等纤维制成电灯丝的碳丝，因太脆、易氧化、亮度低，后改为钨丝。直到20世纪50年代，美国联合碳化物公司研究出人造丝为原料制备碳纤维的工业生产。1962年，日本大阪技术研究所研究出以聚丙烯腈为原料的聚丙烯腈基碳纤维。1963年，日本大谷衫郎以沥青为原料也成功制出碳纤维。1964年，英国皇家研究所的Watt等人在预氧化和碳化时对聚丙烯腈纤维施加应力牵伸，制得了高强度、高模量的碳纤维。

此后，碳纤维向着高强度、高模量方向发展。日本东丽株式会社和美国赫氏集团陆续推出7GPa级超高强度碳纤维T1100G和IM10，而后日本三菱集团与东邦化学株式会社也相继推出对应级别的碳纤维。2018年11月，东丽株式会社宣布通过纳米尺度上微结构及石墨取向调控，开发出了 M40X 碳纤维，在与 M40J 碳纤维模量相当的情况下，实现拉伸强度和断裂延伸率提升约 30%；2019 年 3 月，赫氏集团立即呼应并推出 HM50 碳纤维。M40X 和 HM50 碳纤维的特点是高强度、高模量、高断裂延伸率，预示着碳纤维技术的竞争达到全新高度，并体现出下一代碳纤维的主要特征。

经过近半个世纪的发展，碳纤维已经在品种、性能、工业化生产、应用等方面日趋成熟。1995 年以来，国外几家主要的高性能碳纤维生产厂家的生产能力不断扩大，有的成倍增长，进入了大发展新时期。目前，全球聚丙烯腈基碳纤维主要产能来源于日本东丽株式会社（含卓尔泰克公司）、东邦化学株式会社、三菱集团，美国赫氏集团、氰特公司，德国西格里集团，中国台塑集团，行业集中度极高，主要技术被日本和美国控制，市场被日本、美国、欧洲联盟垄断（约达80%）。邢丽英等对全球不同碳纤维厂商的生产能力进行了总结，见表 1-7。

表 1-7　全球不同碳纤维厂商的生产能力　　　　　　单位：kt

| 厂家 | Toray+Zoletek | SGL | MCCFC | Toho/Teijin | Hexcel | FPC |
|---|---|---|---|---|---|---|
| 产能 | 49.0 | 15.0 | 14.3 | 12.6 | 10.2 | 8.8 |
| 厂家 | Cytec/Solvay | Tangu+Jinggong | CCGC | Hengshen | Dowaksa | Guangwei |
| 产能 | 7.0 | 6.5 | 5.5 | 4.65 | 3.6 | 3.1 |
| 厂家 | Hy osung | UMA TEX | Bluestar | Singopec | 其他中国公司 | 其他 |
| 产能 | 2.0 | 2.0 | 1.5 | 0.5 | 4.8 | 3.5 |

我国从 20 世纪 70 年代开始聚丙烯腈基碳纤维及原丝的研究工作，但一直进展缓慢。从"十五"以来，国内多个碳纤维研究项目和千吨生产线纷纷启动，形成了碳纤维研制和生产的热潮，2011 年国内碳纤维实际产量在 2000t 左右。在过去 10 年间，我国碳纤维产业进入了蓬勃发展时期，实现了质的突破，工艺技术不断提升，工艺装备不断优化，应用领域不断拓展。从"十三五"至 2035 年，我国碳纤维增强树脂基复合材料产业正处于从发展壮大向产业成熟期过渡，迈向产业中高端的关键时期。在巨大的市场需求牵引下，碳纤维增强树脂基复合材料产业的发展将有广阔的发展空间，但同时也面临严峻的国际竞争、环境保护等方面的压力，挑战和机遇共存。

2. 碳纤维的分类与性能

碳纤维的种类较多，牌号繁杂，性能差别很大，且用途不同。按制造方法不同分为有机前驱体碳（石墨）纤维和气相生长碳（石墨）纤维两大类。其中有机前驱体碳（石墨）纤维按原料不同又分为聚丙烯腈基、沥青基、人造黏胶丝基、酚醛基等碳和石墨纤维；按力学性能一般可分为标准型碳纤维、高强中模型碳纤维、超高强碳纤维以及高模碳纤维和高强高模碳纤维（表 1-8）。

表 1-8 高性能纤维的性能

| 类型 | 牌号 | 生产厂家 | 拉伸强度/MPa | 弹性模量/GPa | 伸长率/% | 密度/(g/cm³) |
|---|---|---|---|---|---|---|
| 聚丙烯腈基碳纤维 | T-300 | 日本东丽 | 3600 | 235 | 1.5 | 1.75 |
|  | T-1000 | 日本东丽 | 7200 | 300 | 2.4 | 1.82 |
|  | T-800 | 日本东丽 | 5600 | 300 | 1.7 | 1.81 |
|  | M-50J | 日本东丽 | 4000 | 485 | 0.8 | 1.88 |
|  | M-60J | 日本东丽 | 4000 | 600 | 0.9 | 1.94 |
|  | M-50 | 日本东丽 | 2500 | 500 | 0.5 | 1.91 |
|  | IM-7 | 美国 | 5880 | 274 | 1.9 | 1.82 |
| 沥青基碳纤维 | NT-15 | 新日制铁 | 2700 | 1500 | 1.5 | 1.82 |
|  | NT-20 | 新日制铁 | 3000 | 200 | 1.45 | 1.95 |
|  | NT-50 | 新日制铁 | 3500 | 500 | 0.75 | 2.08 |
|  | NT-60 | 新日制铁 | 3400 | 600 | 0.55 | 2.15 |
|  | P-100 | 美国 AVCO | 2455 | 760 | 0.3 | 2.16 |
|  | P-120 | 美国 AVCO | 2240 | 830 | 0.2 | 2.18 |
| 高强度碳纤维 | G30-400 | — | 2620 | 227 | 1.1 | 1.74 |
|  | G30-400 | — | 3240 | 234 | 1.4 | 1.77 |
|  | G30-500 | — | 3447 | 221 | 1.39 | 1.75 |
|  | G30-500 | — | 3792 | 234 | 1.62 | 1.78 |
| 高强度中模量碳纤维 | C40-60 | — | 4137 | 290 | 1.33 | 1.68 |
|  | C40-600 | — | 4275 | 300 | 1.43 | 1.73 |
|  | C40-700 | — | 4826 | 290 | 1.56 | 1.73 |
|  | C40-700 | — | 4964 | 300 | 1.66 | 1.77 |
| 高模量碳纤维 | C150-300 | 美国 AVCO | 2344 | 344 | 0.6 | 1.75 |
|  | C150-300 | 美国 AVCO | 2482 | 358 | 0.7 | 1.78 |
| 超高模量碳纤维 | C-6S | 美国 AVCO | 3102 | 221 | 1.25 | 1.73 |
|  | C-6S | 美国 AVCO | 3796 | 231 | 1.64 | 1.78 |

2019 年国内碳纤维产能达到 2.6 万 t，产能在 3000 吨以上有 4 家公司，产业集中度在加速，4 家千吨级碳纤维企业的产能已经占到全国总产能的 75%。2019 年国内碳纤维总销量大约是 1.2 万 t，销量/产能比为 45%，而国际其他碳纤维厂家的销量/产能比达到 75% 以上。虽然国内碳纤维销量/产能比不高，产能得不到充分释放，但国内碳纤维的扩产意愿依然强烈，扩产规模大。

目前国内 T300 级碳纤维性能达到国外同类碳纤维的水平，已实现稳定生产，并在航空航天装备实现应用。T700 级碳纤维性能达到要求，工程化制备关键技术得到突破，已开始航空航天装备应用的考核验证。T800 级碳纤维制备关键技术已经突破，T800 级碳纤维性能达到国外同类 T800 级碳纤维的水平，目前正在开展 T800 级碳纤维工程化和批量生产技术攻关以及在航空航天的应用考核。更高性能的 T1100G 碳纤维、M 系列碳纤维的研发工作已经展开，处于跟踪研发阶段，其中 M40 碳纤维实现了小批量供应。表 1-9 至表 1-11 国内部分高性能碳纤维性能。但是中低端产品成本居高不下，宇航级 T300、T700 级国产碳纤维在国外价格为 1000 元/kg 以内，在国内价格为 3000 ~ 4000 元/kg，缺乏国际竞争力。一方面国产碳纤维产能难以达标，另一方面由于性价比低的原因，国内树脂基复合材料用碳纤维仍需大量进口。

表 1-9　部分 T300 级碳纤维的基本性能

| 性　能 | CCF300(3k)[①] | MT300(3k)[②] | T300B(3k)[①] |
| --- | --- | --- | --- |
| 拉伸强度/MPa | ≥3530 | 3894 | ≥3530 |
| 拉伸模量/GPa | 221 ~ 242 | 238 | ≥215 |
| 延伸率/% | 1.50 ~ 1.95 | 1.6 | ≥1.5 |
| 体密度/(g/cm³) | 1.78±0.02 | 1.76 | 1.76±0.01 |
| 线密度/(g/km) | 198±14 | 198 | 198±14 |
| 生产厂家 | 威海拓展纤维有限公司 | 扬州煤炭化学研究所 | 东丽工业株式会社 |

注：①材料指标值；②材料典型值。

表 1-10　部分 T700 级碳纤维的基本性能

| 性　能 | ZT700(3k)[②] | CCF700(12k)[②] | MT700(6k)[②] | T700S(12k)[②] |
| --- | --- | --- | --- | --- |
| 拉伸强度/MPa | 4930 | 4928 | 4862 | ≥4960 |
| 拉伸模量/GPa | 225 | 252 | 248 | ≥230 |
| 延伸率/% | 2.06 | 1.96 | 2.0 | ≥2.1 |
| 体密度/(g/cm³) | 1.79 | 1.80 | 1.78 | 1.80±0.01 |
| 线密度/(g/km) | 199 | 800.3 | 389 | 800±4 |
| 生产厂家 | 中简科技发展有限公司 | 威海拓展纤维有限公司 | 扬州煤炭化学研究所 | 日本东丽工业株式会社 |

注：①材料指标值；②材料典型值。

表 1-11　部分 T800 级碳纤维的基本性能

| 性　能 | CCF800(6k)[②] | TCF800(6k)[②] | T800H(6k)[①] |
| --- | --- | --- | --- |
| 拉伸强度/MPa | 6001 | 5620 | ≥5900 |
| 拉伸模量/GPa | 294 | 288 | ≥290 |
| 延伸率/% | 2.04 | 1.95 | ≥1.9 |
| 体密度/(g/cm³) | 444 | 448 | 440 |
| 线密度/(g/km) | 1.78 | 1.78 | 1.8 |
| 生产厂家 | 威海拓展纤维有限公司 | 太原钢铁(集团)有限公司 | 日本东丽工业株式会社 |

注：①材料指标值；②材料典型值。

碳纤维之所以具有优异的性能与其结构是分不开的。碳纤维中的碳分子平面平行于纤维轴向，但并不是典型的石墨片层结构，而是石墨乱层结构，类似于人造石墨。宋美慧等在其论文中给出了碳纤维结构示意图，如图1-9所示。由图可见，在乱层石墨结构中，石墨层片是最基本的结构单元[图1-9(a)]；一般由数张到数十张这样的层片组成石墨微晶，并以此构成碳纤维的二级结构单元[图1-9(b)]，其中层片之间的距离叫面间距，一般在0.334nm左右；由石墨微晶再组成原纤维，其直径为50nm左右，长度为数百纳米，这是纤维的三级结构单元[图1-9(c)]；最后由原纤维组成碳纤维的单丝，直径一般为5~8μm。随着纤维石墨化温度的提高，石墨乱层将逐渐向着有序的石墨结构转变，石墨微晶也将沿着纤维轴向更加有秩序的排列，同时纤维表面的孔洞等缺陷也会减少，纤维的化学稳定性得到进一步的提高。

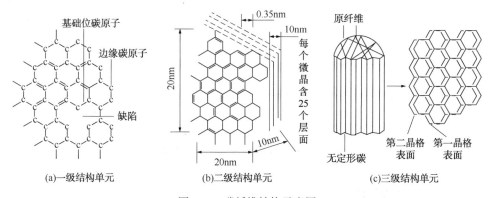

(a)一级结构单元　　　　　(b)二级结构单元　　　　　(c)三级结构单元

图1-9　碳纤维结构示意图

3. 碳纤维的制备

目前用量最大的是聚丙烯腈基碳纤维。聚丙烯腈(PAN)生产中的主要原料为丙烯腈单体，分子式为：

$$\left[\begin{array}{c} CN \\ | \\ CH_2—CH \end{array}\right]_n$$

PAN基碳纤维的生产流程如图1-10所示。将聚丙烯腈溶液在水中挤压成丝称为湿法喷丝；若在空气中挤压成丝则称为干法喷丝；使用最多的是湿法喷丝。聚丙烯腈喷丝后得到的原纤维称为先驱丝。实际上，原纤维是共聚产品，其组成的丙烯腈具有碳/碳双键，在聚合过程中碳/碳双键被打开，生成线型分子链结构的聚丙烯腈大分子。聚丙烯腈在200~280℃空气中进行预氧化会结合8%~12%的氧。使PAN的线型分子链转化为PAN预氧丝的耐热梯形结构。耐热梯形结构的PAN预氧丝在碳化过程中发生第二次大的结构变化，由预氧丝的梯形结构转化为碳纤维的乱层石墨结构。碳化在300~1800℃惰性气体保护下进行，梯形结构经过热解使非碳原子逸走而发生缩聚反应，生成乱层石墨结构或石墨结构，最终生成含碳量在90%以上的碳纤维。

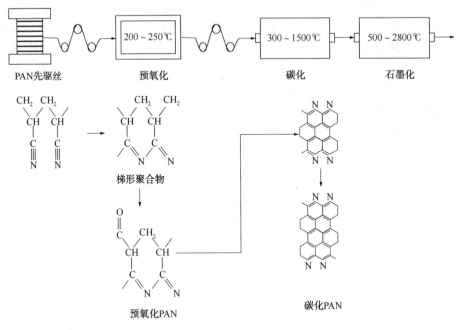

图 1-10　PAN 基碳纤维的生产工艺流程

## 1.3.2　玻璃纤维

玻璃纤维(Fibre Glass)是一种性能优异的高强度增强纤维。玻璃纤维的密度一般为 2.16～4.30g/cm³(一般无碱纤维比有碱纤维的密度大)。软化点为 550～580℃，其热膨胀系数为 4.8×10⁻⁶/℃。玻璃纤维的拉伸强度高达 1500～4500MPa，是高强钢的 2～4 倍，比强度更为高强度钢的 6～10 倍，弹性模量为 60～110GPa，与铝和钛合金相当。因此，采用玻璃纤维制成的玻璃纤维增强塑料又称为玻璃钢。由于玻璃纤维在结构、性能、加工工艺、价格等方面的特点，使它成为应用较为普遍的增强纤维之一，在复合材料制造业中一直占有非常重要的位置。

1. 玻璃纤维的发展

现代玻璃纤维工业奠基于 20 世纪 20 年代。美国人发明了用坩埚法制备连续长玻璃纤维时，才将玻璃纤维用到复合材料中去。从而使得玻璃纤维是最早被用作复合材料增强的纤维之一。

1938 年，出现了世界上第一家玻璃纤维企业 Owens Corning(欧文–斯科宁)公司。1939 年，日本东洋纺织株式会社，在经过 3 年研究之后便开始了生产玻璃纤维。1940 年美国发表了最早的 E 型玻璃纤维专利。20 世纪 60 年代至 70 年代，池窑拉丝的出现被视为玻璃纤维工业发展史上的一个里程碑。由于新技术、新工艺的出现，使玻璃纤维工业从过去的用 200~400 孔漏板坩埚拉制直径为 5~9μm 的细纤维并以纺织型产品为主的产品结构，过渡到用池窑拉制（400~4000 孔漏板）、直径为 11~17μm，甚至 27μm 的粗纤维并以无纺增强体为主的产品结构。池窑拉丝的出现以后，玻璃纤维产量迅速增大，劳动生产率大幅度提高，生产成本下降。因此，玻璃纤维得到更广泛的应用，并促进玻纤工业的高速发展。

2. 玻璃纤维的成分

玻璃纤维是叶蜡石、石英砂、石灰石、白云石、硼钙石、硼镁石六种矿石混合物为原料经熔融纺丝制成，其单丝的直径为几个微米到二十几个微米，相当于一根头发丝的 1/20~1/5，每束纤维原丝都由数百根甚至上千根单丝组成。其主要成分为二氧化硅、氧化铝、氧化钙、氧化硼、氧化镁、氧化钠等（表 1-12）。玻璃纤维的化学稳定性主要取决于其成分中二氧化硅及碱金属氧化物的含量。显然，二氧化硅含量多能提高玻璃纤维的化学稳定性，而碱金属氧化物则会使化学稳定性降低。在玻璃纤维中增加 $SiO_2$ 或 $Al_2O_3$ 含量，或加入 $ZrO_2$ 及 $TiO_2$，都可以提高玻璃纤维的耐酸性；增加 $SiO_2$ 或 $CaO$、$ZrO_2$ 及 $ZnO$ 含量能提高玻璃纤维的耐碱性；在玻璃纤维中加入 $Al_2O_3$、$ZrO_2$ 及 $TiO_2$ 等氧化物，可大大提高其耐水性。

表 1-12　常见玻璃纤维成分　　　　　　质量分数:%

| 组分 | 国　　内 | | | 国　　外 | | | | | |
|---|---|---|---|---|---|---|---|---|---|
| | 无碱 1 号 | 无碱 2 号 | 无碱 5 号 | A | C | D | E | S | R |
| $SiO_2$ | 54.1 | 54.5 | 67.5 | 72.0 | 65 | 73 | 55.2 | 65 | 60 |
| $Al_2O_3$ | 15.0 | 13.8 | 6.6 | 2.5 | 4 | 4 | 14.8 | 25 | 25 |
| $B_2O_3$ | 9.0 | 9.0 | — | 0.5 | 5 | 23 | 7.3 | — | — |
| $CaO$ | 16.5 | 16.2 | 9.5 | 9.0 | 14 | 4 | 18.7 | — | 9 |
| $MgO$ | 4.5 | 4.0 | 4.2 | 0.9 | 3 | 4 | 3.3 | 10 | 6 |
| $Na_2O$ | <0.5 | <0.2 | 11.5 | 12.5 | 8.5 | 4 | 0.3 | — | — |
| $K_2O$ | — | — | <0.5 | 1.5 | — | 4 | 0.2 | — | — |
| $Fe_2O_3$ | — | — | — | 0.5 | 0.5 | — | 0.3 | — | — |
| $F_2$ | — | — | — | — | — | — | 0.3 | — | — |

注：A 为普通纤维；C 为耐酸玻璃纤维；D 为低介电常数纤维（透雷达波性能好）；E 为无碱玻璃纤维，电绝缘性能好；S 为高强度玻璃纤维；R 为高硅氧玻璃纤维。

3. 玻璃纤维的分类与性能

玻璃纤维种类繁多,优点是绝缘性好、耐热性强、抗腐蚀性好、机械强度高,但缺点是性脆、耐磨性较差。根据玻璃中碱含量的多少,可分为无碱玻璃纤维(氧化钠 0~2%,属铝硼硅酸盐玻璃)、中碱玻璃纤维(氧化钠 8%~12%,属含硼或不含硼的钠钙硅酸盐玻璃)和高碱玻璃纤维(氧化钠 13%以上,属钠钙硅酸盐玻璃)。还可以按单丝直径分为:粗纤维(单丝直径为 30μm)、初级纤维(单丝直径 20μm)、中级纤维(单丝直径 10~20μm)和高级纤维(单丝直径 3~10μm)。根据纤维本身具有的性能可分为:高强玻璃纤维、高模量玻璃纤维、耐高温玻璃纤维、耐碱玻璃纤维、耐酸玻璃纤维、普通玻璃纤维等。常见玻璃纤维特点及应用见表 1-13 和表 1-14。

表 1-13　已商品化玻璃纤维特点及应用

| 品　种 | 特　点 | 应　用 |
|---|---|---|
| A-玻璃纤维 | 高碱玻璃或钠玻璃纤维,耐水性很差 | 多用于制作平板玻璃和玻璃器皿,少用于玻璃纤维生产 |
| E-玻璃纤维 | 无碱玻璃纤维,主要成分为硼铝硅酸盐,具有良好的电绝缘性能和机械性能 | 应用最广泛,常用于制造玻璃纤维编织物 |
| S-玻璃纤维 | 其成分是铝硅酸镁,高强度,高模量,抗拉性能及耐热性均优于 E 玻璃纤维 | 可作结构材料,用于军工、空间、防弹盔甲及运动器械 |
| C-玻璃纤维 | 中碱玻璃纤维,主要成分为硼硅酸钠,耐化学性能,特别是耐酸性好 | 耐化学药品纤维,适用于耐腐蚀件和蓄电池套管等 |
| D-玻璃纤维 | 低介电纤维,电绝缘性及透波性好 | 用作雷达装置的增强材料 |
| AR-玻璃纤维 | 耐碱玻璃纤维,因含有 >10% 的 Z102,耐碱性大为增加 | 主要用于水泥的增强体 |
| E-CR 纤维 | 是一种改进的无硼无碱玻璃纤维,耐酸、耐水性优于中碱玻璃纤维 | 美国欧文斯-科宁公司专利,专为地下管道、贮罐等开发 |

表 1-14　常见玻璃纤维的性能

| 性　能 | 纤　维 | | | | | |
|---|---|---|---|---|---|---|
| | A | C | D | E | S | R |
| 拉伸强度(原纱)/GPa | 3.1 | 3.1 | 2.5 | 3.4 | 4.6 | 4,4 |
| 拉伸弹性模量/GPa | 73 | 74 | 55 | 71 | 85 | 86 |
| 伸长率/% | 3.6 | | | 3.4 | 4.6 | 5.2 |
| 密度/(g/cm$^3$) | 2.5 | 2.5 | 2.1 | 2.6 | 2.5 | 2.6 |
| 比强度/(MN/kg) | 1.3 | 1.3 | 1.2 | 1.3 | 1.8 | 1.7 |

| 性  能 | | 纤  维 | | | | | |
|---|---|---|---|---|---|---|---|
| | | A | C | D | E | S | R |
| 比模量/(MN/kg) | | 30 | 30 | 26 | 28 | 34 | 34 |
| 线膨胀系数/(10⁻⁶K⁻¹) | | | 8 | 2~3 | | | 4 |
| 折光指数 | | 1.52 | | | 1.548 | 1.523 | 1.541 |
| 介电耗损角正切(10⁶Hz) | | | | 0.0005 | 0.0039 | 0.0072 | 0.0015 |
| 介电常数 | 10¹⁰Hz | | | | 6.11 | 5.6 | |
| | 10⁶Hz | | | 3.85 | | | 6.2 |
| 功率因数 | 10¹⁰Hz | | | | 0.006 | | |
| | 10⁶Hz | | | 0.0009 | | | 0.0093 |
| 体积电阻率/(μΩ·m) | | 10¹⁴ | | | 10¹⁹ | | |

玻璃纤维是一种优良的弹性材料。应力—应变曲线基本上是一条直线，没有塑性变形阶段。玻璃纤维的断裂伸长率小，一般在3%左右，这主要是因为纤维中硅氧键结合力较强，受力后不易发生错动。玻璃纤维之所以具有高强度是因为纤维直径小、缺陷少，所以玻璃纤维的直径越细，拉伸强度越高，见表1-15。

表1-15  玻璃纤维拉伸强度随直径变化的关系

| 纤维直径/μm | 拉伸强度/MPa | 纤维直径/μm | 拉伸强度/MPa |
|---|---|---|---|
| 160 | 175 | 19.1 | 942 |
| 106.7 | 297 | 15.2 | 1300 |
| 70.6 | 356 | 9.7 | 1670 |
| 50.8 | 560 | 6.6 | 2330 |
| 33.5 | 700 | 4.2 | 3500 |
| 24.1 | 821 | 3.3 | 3450 |

此外，玻璃纤维的拉伸强度与玻璃纤维的化学成分密切相关，一般来说，含碱量越高，强度越低。玻璃纤维存放一段时间后，会出现强度下降的现象，称为纤维的老化，这主要取决于纤维对大气水分的化学稳定性。无碱玻璃纤维存放两年后强度基本不变，而有碱纤维强度不断下降，开始下降得比较迅速，以后下降缓慢，存放两年强度下降33%。

玻璃纤维的耐热性同样是由化学成分决定的。玻璃纤维的化学成分不同，其耐热度差异巨大，一般钠钙玻璃纤维加热到470℃之前（不降温），强度变化不大，石英和高硅氧玻璃纤维的耐热性可达到2000℃。如果将玻璃纤维加热到

250℃以上后再冷却(通常称为热处理),则强度明显下降。温度越高,强度下降越明显。

### 1.3.3 芳纶纤维

芳纶纤维(Aramid Fiber)是由芳香族聚酰胺树脂(Aromatic Polyamide Resin)纺成的纤维。芳纶自1972年美国杜邦公司以商品名Kevlar推出后,一直垄断了约20年的世界市场,现已实现系列化。

我国20世纪80年代初期生产出聚对苯甲酰胺(PBA)纤维,定名为芳纶Ⅰ(14);上海合成纤维研究所1985年研制出PPTA纤维,定名为芳纶Ⅱ(1414)。近年来我国对位芳纶发展迅速,多家企业的产业化技术取得突破,实现了批量生产。2019年,国内对位芳纶产量实现小幅增长,约为2.8kt;间位芳纶产量约为1.1万t。总体达到国际先进水平,但国产芳纶产品在航空、航天、国防军工等高端领域的应用尚缺乏竞争力。

2019年11月23日,由内蒙古石墨烯材料研究院与清华大学共同研发的国产化对位芳纶,经过3个多月的调试运行,顺利建成了年产100t的对位芳纶生产线,成功打破了国外对芳纶技术垄断,加速推进了国内对位芳纶的产业化进程。

1. 芳纶纤维的分类与性能

在复合材料中应用最普遍的是杜邦公司生产的聚对苯二甲酰对苯二胺(Poly-p-Phenylene Terephthalamide,PPTA)纤维和聚对苯甲酰胺(PBA)。荷兰AKZO公司的Twaron纤维系列也属于PPTA纤维。PPTA纤维的主要牌号如下:第一代(RI型):Kevlar-29、Kevlar-49;第二代(Hx系列):Ha(高黏接型)、Ht(Kevlar-129、高强型)、Hc(Kevlar-100、原液着色型)、Hp(Kevlar-68、高性能中模型)、Hm(Kevlar-149、高模型)、He(Kevlar-119、高伸长型)。此外,还有日本帝人公司生产的对位芳酰胺共聚纤维(Technora)纤维、俄罗斯生产的聚对芳酰胺苯并咪唑纤维(CBM)和APMOC纤维。

芳纶的密度较小(1.44g/cm$^3$),比强度、比模量高(高于碳、硼纤维),其单丝拉伸强度可达铝的5倍,并具有冲击韧性高、热稳定性好、耐腐蚀、加工性好等优点,表1-16列出了几种芳纶纤维的主要性能。芳纶具有良好的热稳定性和良好的耐低温性,$T_g$为250~400℃,在高达180℃的温度下,仍能很好地保持它的性能,短时间内暴露在300℃以上,对强度几乎没有影响;温度低至负60℃也不变脆,仍能保持其性能。此外,芳纶不熔融也不助燃,具有良好的耐化学介质性。除强酸和强碱以外,芳纶几乎不受有机溶剂、油类的影响,耐疲劳、耐磨、电绝缘、透电磁波。

表 1-16 各种 Kevlar 纤维的物理性能

| 纤 维 | 韧性/<br>(cN/tex) | 拉伸强度/<br>GPa | 弹性模量/<br>GPa | 断裂应变/<br>% | 吸水率/<br>% | 密度/<br>(g/cm³) |
|---|---|---|---|---|---|---|
| Kevlar RI<br>Kevlar 29 | 205 | 2.9 | 60 | 3.6 | 7 | 1.44 |
| Kevlar Ht<br>Kevlar129 | 235 | 3.32 | 75 | 3.6 | 7 | 1.44 |
| Kevlar He<br>Kevlar 119 | 205 | 2.9 | 45 | 4.5 | 7 | 1.44 |
| Kevlar Hp<br>Kevlar 68 | 205 | 2.9 | 90 | 3.1 | 4.2 | 1.44 |
| Kevlar 49 | 205 | 2.9 | 120 | 1.9 | 3.5 | 1.45 |
| Kevlar Hm<br>Kevlar 149 | 170 | 2.4 | 160 | 1.5 | 1.2 | 1.47 |
| 芳纶 I | | 2.8~3.4 | 15~16 | 1.8~2.2 | | 1.46 |
| 芳纶 II | | 2.6~3.3 | 9~12 | 2~3.2 | | 1.44 |
| Twarun | | 3.0 | 125 | 2.30 | | 1.45 |
| CBM | | 4.0 | 130 | 4.0 | | 1.43 |

此外,芳纶纤维还具有溶解性差、抗压性能不好(为拉伸强度的 1/5)且抗剪强度不高(为拉伸强度的 1/17)、吸湿性强等缺点。为弥补缺陷并赋予芳纶纤维新的优良性能,目前正在进行如下几方面开发性的工作:

(1) 继续对 PPTA 引入第三组分进行共聚(接枝共聚、嵌段共聚)、共混等改性研究。如聚酯酰胺共聚,刚性/半柔性、刚性/柔性向列中介相嵌段共聚,多组分聚合体系共混,如芳香族聚酰胺与脂肪族聚酰胺(尼龙)共混改性等。

(2) 新型芳纶纤维的合成。采用新的二胺或二甲酰氯单体合成新型芳纶、在分子主链结构上引入柔性、庞大体型的基团,合成含有联苯基和联萘基等结构的芳纶。

(3) 功能型芳纶的开发。如 PPTA-聚苯胺(PAn)导电纤维、间位芳纶和对位芳纶混纺阻燃防护纤维、舒适性着色纤维等,拓广芳纶的应用领域。

2. 芳纶纤维的应用

采用芳纶纤维制备的复合材料在航空航天、武器装备军用等领域得到了广泛的应用,最早可追溯到 20 世纪 70 年代初,Kevlar-49(Kevlar 纤维生产工艺流程见图 1-11)浸渍环氧树脂缠绕美国核潜艇"三叉戟"C 潜地导弹的固体火箭发动机壳体,此后在多种型号的火箭或导弹的发动机壳体、压力容器和管道上得到了应用。在航空方面,主要用作各种整流罩、机翼前缘、襟翼、方向舵、窗框、天花板、舱壁、地板、舱门、行李架、座椅等。除此之外，芳纶纤维不仅可以单独使用制备复合材料，还可以与碳纤维混用，用于飞机用的层叠混杂增强铝材，制造波音 767、777 的轻量零部件。

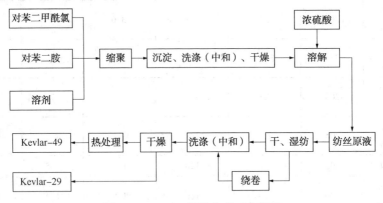

图 1-11　Kevlar 纤维生产工艺流程

在民用领域，比如电子电器、土木建筑、汽车船舶、特种防护等行业也得到了诸多应用。在电子电器领域松下电器产业和松下电子部件公司用芳纶无纺布浸渍高耐热的环氧树脂，固化后在表面贴上铜箔而制成印制电路基板。土木建筑领域可以使用芳纶短纤维增强混凝土、芳纶增强树脂的代钢筋材料、软土补强材料、幕墙、桥梁补强(预应力混凝土)。在汽车船舶领域采用芳纶纤维增强复合材料制备的面板、壳体可使汽车或船舶的质量更轻，提高燃油经济性，增加航程；同时芳纶纤维还被大量用作橡胶轮胎的帘子线、高压软管、排气管、摩擦材料和刹车片、三角皮带等的增强纤维。在特种防护领域主要是利用芳纶良好的冲击吸收性能，制作复合装甲板、防弹板、防弹头盔等防弹制品。

尽管以 PPTA 为代表的芳纶纤维因其特殊结构而具有许多优良的力学、热学、化学等性能，但是由于结构和成型方法等方面的原因，芳纶耐紫外线差。长期裸露在阳光下，可见光和紫外线会使其产生光致降解，导致其力学性能下降和颜色变化。因此，应避光储藏，使用时应加保护层(用高吸收率材料作表面涂层，可以减缓其光致降解)。

### 1.3.4　玄武岩纤维

玄武岩纤维(Basalt Fiber)是用玄武岩石料制成的一种高性能纤维。火山喷发时，熔融的火山岩浆可以被劲风吹散成棉絮状，形成了天然无序的原始玄武岩短纤维(棉)。人们受此启发，将玄武岩石料在 1450~1500℃熔融后，通过铂铑合金拉丝漏板高速拉制而成连续纤维，其直径一般为 7~13μm。由于玄武岩纤维是天然玄武岩矿石直接制成，因而其耐久性、耐候性、耐碱性、耐酸性、耐紫外线照射、耐水性、抗氧化等性能均可与天然玄武岩矿石相媲美。

纯天然玄武岩纤维的颜色一般为褐色，有金属光泽。玄武岩纤维是一种新型无机环保绿色高性能纤维材料，它是由二氧化硅、氧化铝、氧化钙、氧化镁、氧化铁和二氧化钛等氧化物组成。玄武岩连续纤维不仅强度高，而且还具有电绝缘、耐腐蚀、耐高温等多种优异性能。此外，玄武岩纤维的生产工艺决定了产生的废弃物少，对环境污染小，且产品废弃后可直接在环境中降解，无任何危害，因此是一种名副其实的绿色、环保材料。我国已把玄武岩纤维列为重点发展的四大纤维(碳纤维、芳纶、超高分子量聚乙烯、玄武岩纤维)之一，实现了工业化生产。玄武岩连续纤维已在纤维增强复合材料、摩擦材料、造船材料、隔热材料、汽车行业、高温过滤织物以及防护领域等多个方面得到了广泛的应用。

### 1. 玄武岩纤维的发展

玄武岩纤维的生产自 1840 年英国威尔斯试制成功到现在已有 180 多年的历史。早在 20 世纪 50 年代苏联莫斯科玻璃和塑料研究院开发出连续玄武岩纤维(美国简称 BCF、俄罗斯 RU、乌克兰 BC)。六七十年代，全苏玻璃钢与玻璃纤维科研院乌克兰分院根据苏联国防部的指令，着手研制连续玄武岩纤维。1985 年，第一台工业化生产炉采用 200 孔漏板及组合炉拉丝工艺在乌克兰纤维实验室(TZI)建成投产，标志着连续玄武岩纤维实现了工业化生产，至今已有 35 年的历史。

继苏联之后，美国、日本、俄罗斯等一些国家都加强了对连续玄武岩纤维的研究开发。七十年代，美国在华盛顿州立大学建立了试验室，研究连续玄武岩纤维制造技术。2003 年，美国军方又不惜重金收购了刚建立不久的连续玄武岩纤维工厂并将产能扩大，工厂就设在美国南部阿拉巴马军事基地。2001 年日本 Toyota 在乌克兰成立了合资企业并控制其 60% 的股份。俄罗斯的 KamennyVek 公司和乌克兰的 Technobasalt 公司建立了几家玄武岩纤维生产工厂；奥地利的 Asamer 公司又从乌克兰基辅附近的一个公司收购了玄武岩纤维的制造车间及其生产设备等。

我国连续玄武岩纤维产业从 2002 年开始正式起步，早期主要借鉴了俄罗斯和乌克兰的生产技术，通过引进消化，开发了具有一定技术水平的生产工艺自主知识产权的生产技术。近年来，一系列发展玄武岩连续纤维产业政策的支持如《中国制造 2025》《化纤工业"十二五"规划》及《化纤工业"十三五"规划》等；不仅对实施国家安全战略和国民经济相关领域产品具有重要的战略意义，而且对我国玄武岩连续纤维的生产企业、研究单位起到巨大的推动作用。

2019 年 3 月，四川省玻纤集团有限公司联合四川大学、西南科技大学共同研发出了连续玄武岩纤维单元池窑生产技术，投产运营了中国具有完全自主知识产权的第一条年产 8000t 连续玄武岩纤维池窑拉丝中试生产线。该生产线已经成功生产出 9~17μm 多个规格的连续玄武岩纤维，相比传统坩埚法工艺降低了 20% 以上的生产成本，为国内连续玄武岩纤维的发展奠定了技术基础。

目前，我国玄武岩连续纤维产业发展初见成效，具有规模的生产企业近 20 家，不少省份将其列为新兴高端成长型产业战略：四川省把发展玄武岩纤维列为四大新兴高端成长型产业战略，江苏省、浙江省、山西省、吉林省、云南省等省政府给予了连续玄武岩纤维产业较大的关注与支持。现阶段，我国玄武岩纤维产业发展势头迅猛，生产技术达到世界先进水平，年产量和生产厂家数量已经超过世界其他国家的总和，具有较强的国际竞争优势。

2. 玄武岩纤维的性能

连续玄武岩纤维的密度一般为 2.6~2.8g/cm³，略高于玻璃纤维，高于碳纤维和有机纤维。连续玄武岩纤维浸胶纱的拉伸强度为 2000~2500MPa，弹性模量为 91~110GPa，同时 3000MPa 级的高性能玄武岩纤维被寄予厚望。连续玄武岩纤维的使用温度范围为 -269~700℃，而玻璃纤维温度为 -60~450℃，且这一温度远远高于碳纤维、芳纶纤维、岩棉。另一方面，连续玄武岩纤维的热震稳定性好，在 500℃ 温度下保持不变，在 900℃ 时原始质量仅损失 3%。

此外，玄武岩纤维还具有热、声绝缘性能好、电绝缘性和介电性能好、透波性和吸波性好等优点。由于连续玄武岩纤维是由天然火山岩为原料生产，自身密度成分、容重均与水泥相当，且具有天然的融合性，与水泥、混凝土混合时分散性好，结合力强，热胀冷缩系数一致，耐候性好。

玄武岩纤维本体为非晶态，一般处于亚稳定状态，在温度等条件变化时，可能转变为晶态，纤维呈现近程有序，远程无序的结构特征。由于玄武岩纤维是玄武岩矿石熔融后制备的一种新型纤维，因此玄武岩纤维的性能优劣很大程度上取决于原材料的化学组成以及生产工艺。

$SiO_2$ 是玄武岩纤维的主要组成成分，其作用是为玄武岩纤维提供化学稳定性和机械性能。铁的氧化物能影响其溶解参数及其导热性能，由于铁的氧化物存在使玄武岩纤维呈现棕褐色，$Al_2O_3$ 提高了纤维的黏度和化学稳定性，CaO、MgO 以及 $TiO_2$ 可以提高纤维的耐腐蚀性。尽管世界上玄武岩矿石分布广泛，但并不是所有的玄武岩都可以用来生产连续玄武岩纤维，能够生产连续玄武岩纤维的玄武岩矿石有着严格的化学成分和矿物组分要求。OSNOS 等提出根据化学成分的质量百分比来选择适于制造连续纤维的玄武岩矿石标准如表 1-17 所示

表 1-17  制造连续纤维的玄武岩矿石标准

| 成分 | $SiO_2$ | $Al_2O_3$ | $Fe_2O_3$+FeO | MgO | CaO | $Na_2O$+$K_2O$ | $TiO_2$ |
|------|---------|-----------|---------------|-----|-----|----------------|---------|
| 含量/% | 45~60 | 12~19 | 7~18 | 3~7 | 6~15 | 2.5~6 | 0.9~2 |

玄武岩中基本氧化物和剩余氧化物间应满足以公式(1-3)，玄武岩矿石的酸

性系数应满足公式(1-4)：

$$1.7 < \frac{Al_2O_3 + SiO_2}{Fe_2O_3 + FeO + CaO + MgO + K_2O + Na_2O + TiO_2 + PP} < 3.2 \qquad (1-3)$$

$$4.2 \leqslant \frac{SiO_2 + Al_2O_3}{CaO + MgO} \leqslant 6.5 \qquad (1-4)$$

当上述比例系数<1.7时，得到的纤维较短，适于做玄武岩短纤维；当上述比例系数>3.2时，玄武岩熔体的熔点和黏度会更高，这样大大增加了连续玄武岩纤维生产的难度。酸性系数对玄武岩熔化和拉丝温度有较大影响，进而会影响连续玄武岩纤维的化学稳定性。酸性系数越高，矿石熔化温度以及熔融物的黏度越高，所制造出来的纤维的化学稳定性越高。但上述标准并非唯一标准，国内外其他研究也对适于生产连续玄武岩纤维的玄武岩化学成分种类、含量以及质量比例提出了适宜的范围。

3. 玄武岩纤维的制备与应用

连续玄武岩纤维的生产工艺与玻璃纤维相似(图 1-12)。主要区别是省去了复杂的配料工序，无有毒有害的化工原料(纯碱、硼砂、砒霜、氟化物等)加入。连续玄武岩纤维的生产采用"一步法"生产工艺，即玄武岩矿石原料经过粉碎清洗、均化后，投入窑炉进行熔融均质化，充分熔融后的玄武岩液从铂铑合金的漏孔中流出直接拉制成无限长的连续纤维。可直接纺纱织布，也可以直接作为缠绕纱、短切纱直接使用。

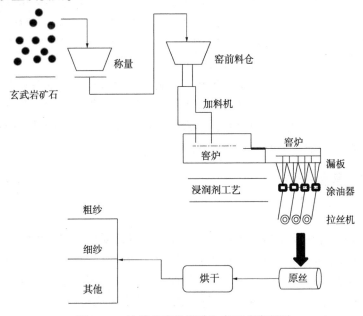

图 1-12　连续玄武岩纤维生产工艺流程图

连续玄武岩纤维的生产工艺具有以下特点：

（1）玄武岩是含多种化学成分和矿物组分的天然硅酸盐原料，连续玄武岩纤维的生产不需配料，但原料必须均质化；同时，控制矿石原料成分的离散度是保证连续玄武岩纤维制品质量和性能稳定的关键。

（2）玄武岩在火山岩岩浆喷发冷却过程中，完成了成分之间的化学反应，不经过硅酸盐形成阶段。这与玻璃的熔化过程不同，玻璃的熔化过程是各种原料发生硅酸盐化学反应形成玻璃体的过程。这就决定了连续玄武岩纤维的生产工艺与玻璃纤维工艺存在差别。

（3）玄武岩玻璃熔体具有较高的润湿性，玄武岩玻璃熔体易在漏嘴出口壁处产生"漫流"，"漫流"严重时，影响拉丝作业。

（4）玄武岩玻璃熔体具有高的析晶能力，其析晶上限温度一般>1250℃。

（5）玄武岩玻璃熔体具有较高的硬化和冷却速度，纤维成型温度范围窄，料性短。

（6）玄武岩的氧化铁含量高，玄武岩玻璃熔体的黑度系数接近0.9，因此熔体的透热性差，对其熔制工艺和拉丝工艺有重大影响。

（7）玄武岩具有岩石矿物的记忆性，在降温过程中，岩石会按照其矿物记忆再结晶，恢复到原来的结构。玄武岩的记忆性对析晶和熔体均质化都会产生不利影响。

以连续玄武岩纤维（无捻粗纱、纺织纱、短切纱等）为基础，可以做成纤维布、纤维毡、纤维绳等各种纤维制品。连续玄武岩纤维及其制品做增强体可制成各种性能优的复合材料（复合筋材、复合板材、复合型材、复合网格、复合索、预浸料等）。连到玄武岩纤维制品及其复合材料可广泛应用于土建交通、能源环境、汽车船舶、石油化工、航天航空以及武器装备等领域。

因此，其已被广泛用于制备水泥基、树脂基、金属基等纤维增强复合材料以及绝缘、保温、隔音等材料。玄武岩纤维优良的物理、化学、力学等性能，主要受其化学组成与浸润剂涂层的影响，作为中国重点发展的四大纤维之一的玄武岩纤维，虽然起步较晚，但发展较为迅速。

## 1.3.5 其他纤维

1. 硼纤维

硼纤维是一种在连续芯材上均匀沉积硼而形成的复合纤维，硼纤维自身就可以视为是一种复合材料。硼纤维通常是以钨丝、碳纤维、石英纤维等纤维作为芯材，在一定条件下通过物质的化学反应使硼元素均匀沉积在芯材表面而形成的连续纤维。1961年，美国提出硼纤维研制课题。美国空军材料研究室（AFMD）在1963年制成了可用于复合材料的硼纤维，随后又改进了镀层工艺和设备，加强了自动化控制操作。1966 年，硼纤维在航天工业上获得应用，随后又以美国 Textron Systems 公司（原名 AVCO 公司）为中心，面向商业规模生产并继续研发。

常用的钨芯硼纤维是采用氢和三氯化硼在炽热的钨丝上反应，置换出无定形的硼沉积于钨丝表面而得。钨芯硼纤维表面相当粗糙，呈瘤状形态，表面积较大，与复合材料树脂基体具有较好的结合强度。碳芯硼纤维表面比较光滑，表面积较小，与树脂的结合力较低，使复合材料的横向强度下降。在 200℃ 左右硼纤维性能基本不变，在 330℃、1000h 后硼纤维强度将损失 70%；加热到 650℃ 时，硼纤维强度将完全丧失。硼纤维性能的主要特点是弹性模量高、直径大，其复合材料纵向压缩强度高于其他纤维复合材料。硼纤维的典型性能见表 1-18。

表 1-18　硼纤维的典型性能

| 拉伸强度/ MPa | 拉伸模量/ GPa | 压缩强度/ MPa | 热膨胀系数/ ℃$^{-1}$ | 硬度/努氏/ (kg/mm$^2$) | 密度/ (g/cm$^3$) |
|---|---|---|---|---|---|
| 3600 | 400 | 6900 | $4.5×10^{-6}$ | 3200 | 2.57 |

硼纤维的制备方法有化学气相沉积法（CVD 法）、乙硼烷热分解法、硼熔融法等，其中 CVD 法最为成熟和经济实用。CVD 法通常以细钨线（常用直径 10μm 和 12.5μm）为芯材，在反应管中通入三氯化硼和氢气，通过反应管电阻加热至 1300℃ 进行反应，化学反应式如公式（1-5），生成的无定形硼沉积在钨丝表面，形成 50~100μm 厚的硼层。

$$BCl_3 + \frac{3}{2}H_2 \longrightarrow B + 3HCl \tag{1-5}$$

沉积过程中，硼原子扩散到芯层钨丝中，使钨丝氧化导致钨丝直径增加。硼纤维的尺寸一般有 3 种，即直径为 75μm、100μm、140μm（硼纤维直径大小可通过导丝辊的牵引速度进行量化控制。）。该步骤会在纤维中形成相当大的残余应力，芯层受到挤压的同时，相邻沉积的硼承受定张力。此工艺中沉积温度和沉积速度是影响硼纤维结构与性能的关键因素。该工艺成熟可靠，制得的硼纤维质量稳定、结构均匀、性能好。

硼纤维在强度、模量和密度等方面较其他陶瓷纤维优势明显，是高性能复合材料的重要增强材料，硼纤维可以纤维形式使用，也可用于增强铝、镁、钛等金属材料和树脂基高分子材料；如可制成硼/铝复合材料、硼/环氧预浸料等。硼纤维增强金属铝管材用作太空穿梭机结构材料。在工业制品领域，利用硼纤维高导热性和低热膨胀系数等特性，制成硼纤维与铝合金复合金属材料，用于制作半导体的冷却基板；硼纤维增强环氧复合材料拉伸强度 1500~1600MPa，拉伸模量 190~200GPa，压缩强度>2900MPa，弯曲强度超过 2000MPa，层间剪切强度 90~100MPa，密度 2.0g/cm$^3$。

在航空航天领域，硼纤维增强环氧树脂复合材料用于美制 F-15 飞机尾翼、B-1 战略轰炸机部件。此外，在体育及娱乐用品领域，硼纤维与碳纤维混杂纤维制成高尔夫球棒、网球拍、羽毛球拍、滑雪板等体育器材。利用硼纤维的高硬度，开发录音剪辑材料、车轮、切割轮刀等制品。在原子能领域，利用硼纤维对中子具有吸收能力，制作核废料、贮存容器等。另外硼纤维在宇航服、雷达、超导材料等领域也有重要应用。

### 2. 超高分子量聚乙烯纤维

超高分子量聚乙烯(Ultra-High Molecular Weight Polyethylene Fiber，UHMW-PE)纤维是由相对分子质量大于 100 万的聚乙烯纺制成的高性能纤维，也称伸直链聚乙烯(ECPE)，高强、高模量聚乙烯(HTH-PE)纤维或高性能聚乙烯(HPPE)纤维，简称 PE 纤维。

UHMW-PE 纤维首先由英国利兹大学的卡帕乔(Capaccio)和沃德(Ward)研制成功。1979 年荷兰 DSM 公司的高级顾问彭宁斯(Pennings)等人发明了采用十氢萘作溶剂的凝胶纺丝法制备 UHNW-PE 纤维并申请专利。20 世纪 80 年代中期，美国 Allied 公司购买了 DSM 公司的专利，并对有关技术进行了改进，建立了世界上第一个生产该种纤维的中试装置并投入商品化生产，所开发的超高分子量聚乙烯纤维的商品名 Spectra 900 和 Spectra 1000 于 1988 年开始应用。1984 年荷兰蒂斯曼（DSM）与日本东洋纺合资建成 50t/a 的中试工厂，纤维商品名为Dyeneema；此外，2000 年至今，日本东洋纺开发出的新型 Dyneema 纤维，强度较普通 Dyneema 更高，目前总产能接近 3000t/a。

国内 UHMW-PE 纤维的研究始于 20 世纪 80 年代，有三四个单位按不同的工艺路线研制超高分子量聚乙烯纤维。中国纺织科学院最早在国家"八五"攻关立项，1994 年 4 月建成工业化实验生产线，1996 年经国家科委验收。目前国内山东爱地高分子材料有限公司(后被 DSM 全资收购)、宁波大成新材料股份有限公司、北京同益中特种纤维技术开发有限公司、湖南中泰特种装备有限责任公司、上海斯瑞聚合体科技有限公司等实现量产。

工业上多采用 300 万左右的相对分子质量。其突出的优点是密度低(0.96 ~ 0.97g/cm$^2$)，与其他现有的纤维相比是世界上最轻的纤维，比强度、比模量高。断裂伸长率虽然也较低，但因强度高而使其断裂功高。该纤维还具有耐海水、耐化学试剂、耐磨损、耐紫外线辐射、耐腐蚀、吸湿低、抗弯曲、耐冲击、自润滑、耐低温、电绝缘性能等优异特性。与芳纶相比，UHMW-PE 纤维具有良好的柔曲性和编织性，用一般的机织、针织等纺织设备就可以对其进行编织加工。UHMW-PE 纤维的冲击强度几乎与尼龙相当。在高速冲击下的能量吸收是芳纶(PPTA)纤维和尼龙纤维的两倍。因此可以用于制作防弹背心。UHMW-PE 纤维的不足是熔点低、易蠕变、与树脂基体黏接性差。表 1-19 列出已工业化的几种

PE 纤维的类型、制造厂家和性能。

表 1-19　国内外相关高强度聚乙烯纤维性能

| 生产厂商 | 牌号/型号 | 断裂强度/(cN/dtex) | 模量/(cN/dtex) | 延伸率/% |
|---|---|---|---|---|
| DSM | Dyneema SK60 | 28.0 | 920 | 3.5 |
| | Dyneema SK65 | 31.6 | 1000 | 3.6 |
| | Dyneema SK75 | 35.1 | 1130 | 3.6 |
| | Dyneema SK76 | 36.5 | 1215 | 3.0 |
| 霍尼韦尔 | Spectra 900 | 27.0 | 1200 | 3.5 |
| | Spectra 1000 | 31.0 | 1770 | 2.7 |
| | Spectra 2000 | 33.0 | 1210 | 2.9 |
| 三井石化 | Tekmilon-1 | 29.0 | 1000 | 4.0 |
| 宁波大成新材料股份有限公司 | DC-85 | 30.0 | 950 | 3.8 |
| | DC-88 | 33.0 | 1100 | 3.5 |

### 3. PBO 纤维

聚对苯撑苯并二噁唑纤维(Poly-p-phenyelene Benzo-bisoxazazole,PBO)是一定浓度的 PBO 树脂在多聚磷酸、甲烷磺酸等强的质子酸中形成液晶溶液,通过特殊的纺丝方式得到 PBO 纤维。PBO 纤维是一种高结晶度、低密度、高拉伸强度和模量的新型有机纤维,其强度、弹性模量约为对位芳纶纤维 Kevlar49 的 2 倍,尤其是弹性模量,它具有直链高分子纤维的极限弹性模量,是当前强度最高、模量最大、耐高温和阻燃性最好的有机纤维。

PBO 是由美国空军空气动力学开发研究人员发明的,首先由美国斯坦福(Stanford)大学研究所(SRI)拥有聚苯并唑的基本专利,之后美国陶氏(DOW)化学公司得到授权,并对 PBO 进行了工业性开发,同时改进了原来单体合成的方法,新工艺几乎没有同分异构体副产物生成,提高了合成单体的收率,打下了产业化的基础。1990 年日本东洋纺公司从美国道化学公司购买了 PBO 专利技术。1991 年由道-巴迪许化纤公司在日本东洋纺公司的设备上开发出 PBO 纤维,使 PBO 纤维的强度和模量大幅度提升,达到 PPTA 纤维的两倍。1994 年,日本东洋纺公司得到道-巴迪许化纤公司的准许,出巨资 30 亿日元建成了 400t/a PBO 单体和 180t/a 纺丝生产线,并于 1995 年春开始投入部分机械化生产,1998 年的生产能力达到 200t/a,商品名为 Zylon。

PBO 纤维的主要特点是耐热性好、强度和模量高,故应用广泛。可用于①轮胎、胶带(运输带)、胶管等橡胶制品的补强材料;②各种塑料和混凝土等的补强材料;③弹道导弹和复合材料的增强组分;④纤维光缆的受拉件和光缆的保护膜;⑤电热线、耳机线等各种软线的增强纤维;⑥绳索和缆绳等高拉力材料;

⑦高温过滤用耐热过滤材料；⑧导弹和子弹的防护设备、防弹背心、防弹头盔和高性能航行服；⑨网球、快艇、赛艇等体育器材；⑩高级扩音器振动板、新型通信用材料；⑪航空航天用材料等。

4. 碳化硅纤维

碳化硅纤维包括 CVD 碳化硅纤维(即用化学气相沉积法制造的连续、多晶、单丝纤维)和 Nicalon 碳化硅纤维(即用先驱体转化法制造的连续、多晶、束丝纤维)。碳化硅纤维的最高使用温度达 1200℃，其耐热性和耐氧化性均优于碳纤维，强度达 1900~4400MPa，在最高使用温度下强度保持率在 80% 以上，模量为 170~290GPa，化学稳定性也好，部分碳化硅纤维的性能见表 1-20。

表 1-20 各公司碳化硅纤维的基本性能

| 公　司 | 牌号 | 密度/<br>(g/cm³) | 拉伸强度/<br>GPa | 拉伸模量/<br>GPa | 断裂伸<br>长率/% | 最高使用<br>温度/℃ |
|---|---|---|---|---|---|---|
| Nippon Carbon | Nicalon | 2.55 | 3.00 | 220 | 1.4 | 1200 |
| | Hi-Nicalon | 2.74 | 2.80 | 270 | 1.0 | 1600 |
| | Hi-Nicalon-S | 3.10 | 2.60 | 420 | 0.6 | >1600 |
| Ube Industiries | Tyranno | 2.37 | 2.74 | 206 | | 1300 |
| | Tyranno-AS | 3.10 | 2.50 | 420 | 0.6 | >1600 |
| Textron Systems | SCS-6 | 3.00 | 3.45 | 380 | | |
| | SCS-Ultra | 3.00 | 6.21 | 415 | | |

1961 年，德国的 Gareis 等首先申请了使用超细钨丝作为沉积载体制备碳化硅纤维的专利。20 世纪 60 年代中期，美国通用技术公司(General Technologies)利用硼纤维的制造技术，首次用化学气相沉积(CVD)法制成了生产成本比硼纤维低的连续钨芯碳化硅纤维。1972 年美国 AVCO 公司(现改为 Textron Systems 公司)制备出大直径碳单丝后，于 1984 年 3 月复制成功了性能更好、成本更低的碳芯碳化硅连续纤维。

前驱体转化法制备碳化硅纤维是由日本东北大学金属材料研究所 Yajima(矢岛圣使)教授于 1975 年发明的，然后日本碳公司于 1983 年完成批量生产开发，并以商品名 Nicalon(尼卡隆)进入市场。1985 年，日本信越化学公司在世界上首次实现了碳化硅纤维的生产原料(聚碳硅烷)的工业化。至此在原料保证的前提下，日本碳公司从 1985 年 11 月开始以月产 1t 的产量正式生产连续碳化硅纤维，工艺流程见图 1-13。1984 年，日本宇部兴产公司以低分子硅烷化合物与钛化合物合成有机金属树脂，采用特殊的纺丝技术，制成性能更好的含钛碳化硅纤维，称为 Tyranno(基拉诺)，后来又开发了含铝碳化硅纤维。

SiC 纤维中硅碳原子以其共价键结合，Si—C 键的离子特性仅占 14%，所以赋予 SiC 高的熔点，加之其高强度和高硬度、低热膨胀系数和密度低，使其成为 20 世纪 80 年代以来作为高温陶瓷基复合材料的最佳增强纤维。碳化硅纤维可用作高温耐热材料以及作为增强材料增强树脂、金属、陶瓷基体制造复合材料：碳化硅纤维用作高温耐热材料时，可制作耐高温传送带、高温烟尘过滤器、金属熔体过滤材料等；碳化硅纤维与环氧树脂等基体复合制成的树脂基复合材料，可用于喷气发动机涡轮叶片、飞机与汽车构件等；碳化硅纤维与金属铝等复合制作的金属基复合材料，具有轻质、耐热、高强度、耐疲劳等优点；

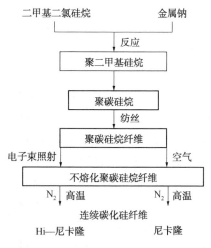

图 1-13  碳化硅纤维制造工艺流程图

碳化硅纤维与陶瓷基体同属陶瓷材料，两者复合性能很好，制作的复合材料比超耐热合金质量更轻，广泛用作高温部件，如火箭、飞机发动机耐热部件，高温耐腐蚀化学反应釜材料等。

# 1.4 复合材料界面

界面是纤维增强复合材料的重要组成部分。良好结合的界面体现在三个方面：①在复合过程中，基体对增强体浸润；②两组分之间无过量的化学反应；③生成的界面相能承担传递载荷的功能。复合材料的制备过程中，固相（纤维或颗粒增强体）与液相（基体熔体）之间的界面效应（物理的、化学的和物理化学的）以及所制得的复合材料中增强相与基体相之间的固/固界面效应，取决于纤维或颗粒表面的物理和化学状态、基体本身的结构和性能、复合方式、复合工艺条件和环境条件。由此可见，复合材料的制造或获得有用的复合材料的过程是一个复杂、困难并富有挑战性的研究领域。

## 1.4.1 界面的形成及作用

复合材料中增强体与基体之间的接触构成了复合材料的界面。在复合材料中，界面面积占很大比例，如碳纤维复合材料每 $100cm^3$ 的体积中，界面面积为 $89m^2$。界面的厚度和结构会随着基体与增强体的不同而不同，且对复合材料的物理、化学及力学性能有着至关重要的影响。大量事实证明，复合材料中增强体与基体各自起着独立的作用，但又不是相互孤立的，它们相互依存，彼此影响，这种关系是由于增强体与基体之间的界面来实现的。因此，复合材料的整体综合性能不仅与增强相、基体相有关，更与两相之间的界面有着重要的关系。因此，许多国家相继展开了界面微区的研究和优化设计（界面工程）的研究，以充分挖掘复合材料的潜力，制得综合性能更加优异的复合材料。

复合材料界面的形成大致可以分为两个阶段：

第一阶段：基体与增强纤维的接触与浸润过程。对于多数树脂基复合材料和金属基复合材料制备过程中都存在一个液态基体浸润增强体的过程，即实现基体与增强体复合的过程。液体对固体的浸润能力，可以用润湿角 $\theta$ 来表示，当 $\theta \leqslant 90°$ 时，液体液滴放到固体表面上，液滴会立即铺展开来，称为浸润［图 1-14（a）］；当 $\theta \geqslant 90°$ 时，液体液滴放到固体表面上时，液滴仍团聚成球状，称为不浸润［图 1-14（b）］；当 $\theta = 0°$ 或 $\theta = 180°$ 时，则分别为完全浸润和完全不浸润。在这个过程中液态的基体由于增强体对基体分子的各种基团或基体中各组分的吸附能力不同，它只是要吸收那些能降低其表面能的物质，并优先吸附那些能较多降低其表面能的物质。润湿的过程中对于一些基体与增强体还会发生化学反应，生成新的化合物。因此界面层在结构上与基体是不同的。

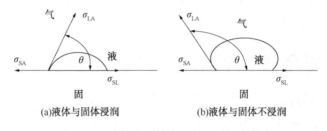

图 1-14　液体在固体表面的两种浸润状态

第二阶段：液态基体的固化阶段。在此过程中，液态基体通过物理或化学的变化而固化，形成固定的界面层。例如，树脂的固化反应；液态金属的冷却固化等。固化阶段会受第一阶段影响，同时它也直接决定着所形成的界面层的最终结构。以热固性树脂的固化过程为例，树脂的固化反应可借助固化剂或靠本身官能团反应来实现。在利用固化剂固化的过程中，固化剂所在的位置是固化反应的中心，固化反应从中心以辐射状向四周扩展，最后形成中心密度大，边缘密度小的非均匀固化结构，密度大的部分称作胶束或胶粒，密度小的称作胶絮；在依靠树脂本身官能团反应的固化过程中也会出现类似的现象。

界面作为增强体与基体之间的"纽带"是复合材料内部的独有结构，是任何一种单一材料所没有的。正是由于界面所发挥的界面效应，使得复合材料性能不是各单一组分性能的简单加合。界面效应既与界面结合状态、形态和物理-化学性质有关，也与复合材料各组分的浸润性、相容性、扩散性等密切相关。例如在粒子弥散强化金属中，微型粒子阻止晶格错位，从而提高复合材料强度；在纤维增强塑料中，纤维与基体界面阻止裂纹进一步扩展等。因此在任何复合材料中，界面和改善界面性能的表面处理方法是关乎这种复合材料是否有使用价值、能否推广使用的一个极重要的问题。

可将界面作用的机理归纳为以下几种效应。

（1）传递效应：界面可将复合材料体系中基体承受的外力传递给增强相，起到基体和增强相之间的桥梁作用。

（2）阻断效应：适当的界面有阻止裂纹扩展、减缓应力集中的作用。

（3）不连续效应：在界面上产生物理性能的不连续性和界面摩擦出现的现象，如抗电性、电感应性、磁性、耐热性和磁场尺寸稳定性等。

（4）散射和吸收效应：光波、声波、热弹性波、冲击波等在界面产生散射和吸收，如透光性、隔热性、隔音性、耐机械冲击性等。

（5）诱导效应：一种物质(通常是增强剂)的表面结构使另一种物质(通常是树脂基体)与之接触的物质的结构由于诱导作用而发生改变，由此产生一些现象，如强弹性、低膨胀性、耐热性和冲击性等。

### 1.4.2 界面结合的种类

基体和增强体通过界面结合在一起，构成复合材料整体，一般认为界面结合分为三大类化学结合、物理结合和扩散结合三大类(图1-15)。

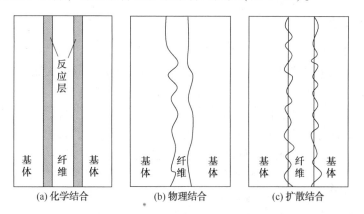

图1-15 复合材料界面结合的主要类型

1. 化学结合

复合材料界面处基体材料与增强体材料发生化学反应，形成新的化合物。此种结合状态在高温环境下制备的金属基复合材料中较为常见。化学结合中由化学键或界面反应产物的钉扎效应提供结合力，结合能量较高，因此这类界面的相对稳定性较好，不易破坏。随反应程度的增加，界面结合强度也增加。但是由于界

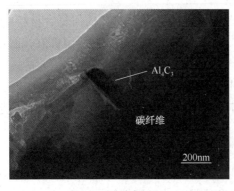

图 1-16　碳纤维与基体铝合金界面结合

面反应产物多为脆性物质，当界面层达到一定厚度时，界面上残余应力可使界面破坏，同时纤维表面遭到严重破坏，反而降低界面结合强度。比如碳纤维增强铝基复合材料中基体中的铝与碳纤维会在高温下生成脆性相 $Al_4C_3$，如图 1-16，将使得碳纤维与基体铝合金结合过于紧密，界面不能有效传递应力，导致裂纹沿垂直于碳纤维轴向方向扩展，出现脆性断裂特征。

**2. 物理结合**

物理结合是由于某些增强体表面粗糙，与固化基体结合后出现机械的锚合所形成的。物理结合的过程中往往伴随着由两相间原子中电子的交互作用所产生的引力，即范德华力。故物理结合是机械结合占优势的一种混合结合。因此，也有学者将机械结合与由范德华力和氢键构成的结合视为两类不同的界面结合类型。物理结合强度的大小与纤维表面的粗糙度和原子中电子交互作用强弱有关。例如，经过表面粗化处理后的纤维制成的复合材料，其结合强度比具有光滑表面的纤维复合材料高 2~3 倍。但这种结合力只有当复合材料纵向受力时才能表现较强的作用，横向承载时却很小。

**3. 扩散结合**

扩散结合是由基体与增强体两相间原子间发生互扩散作用，而形成的一种结合模式。对于一些纤维增强树脂基复合材料，树脂表面的大分子头端或支链伸出端，会与增强体材料产生相互的扩散、纠缠，形成分子网络。这种相互扩散缠结的结合力主要依赖于增强体和基体表面的分子结构、组分以及分子链段运动的自由能。有些增强体表面常存在致密氧化膜，对组元间扩散和浸润产生阻碍，这时就要对纤维表面进行处理，破坏氧化膜，使纤维与基体发生浸润和互扩散以提高结合力。

复合材料中界面结合的形式并不是以单一的结合形式实现基体与增强体的结合，而是上述几种结合形式的混合。界面的结合状态和强度对复合材料的性能有很大影响。对于每一种复合材料都要求有合适的界面结合强度。界面结合较差的复合材料大多呈剪切破坏，且在材料的断面可观察到脱黏、纤维拔出、纤维应力松弛等现象。界面结合过强的复合材料则呈脆性断裂，断口平整，无增强体拔出现象。过强的界面结合力也降低了复合材料的整体性能。界面最佳态的衡量是当受力发生开裂时，裂纹能转化为区域化而不进一步界面脱黏，即这时的复合材料具有最大断裂能和一定的韧性。因此，在研究和设计界面时，不应只追求界面结合，而应考虑最优化和最佳综合性能。

### 1.4.3 界面模型

在早期的研究中，将复合材料界面抽象为界面处无反应、无溶解、界面厚度为零，复合材料性能与界面无关；稍后，则假设界面强度大于基体强度，这是所谓的强界面理论。

强界面理论认为：基体最弱，基体产生的塑性变形将使纤维至纤维的载荷传递得以实现。复合材料的强度受基体强度的控制，预测复合材料力学性能的混合物定律是根据强界面理论导出的。由上述关于界面类型可见，对于不同类型的界面，应当有与之相应的不同模型。

**1. Ⅰ型复合材料的界面模型**

Cooper 和 Kelly(1968)提出，Ⅰ型界面模型是界面存在机械互锁，且界面性能与增强体和基体均不相同；复合材料性能受界面性能的影响，影响程度取决于界面性能与基体、纤维性能差异程度的大小；Ⅰ型界面模型包括机械结合和氧化物结合两种界面类型。

Ⅰ型界面控制复合材料的两类性能，即界面拉伸强度($\sigma_i$)和界面剪切强度($\tau_i$)。受界面拉伸强度 $\sigma_i$ 控制的复合材料性能包括横向强度、压缩强度以及断裂能量；受界面剪切强度 $\tau_i$ 控制的复合材料性能包括纤维临界长度 $l_c$(或称有效传递载荷长度)，纤维拔出情况下的断裂功以及断裂时基体的变形。

**2. Ⅱ型、Ⅲ型复合材料的界面模型**

Ⅱ型、Ⅲ型界面模型认为复合材料的界面具有既不同于基体也不同于增强体的性能，它是有一定厚度的界面带，界面带可能是由于元素扩散、溶解造成的，也可能是反应造成的。不论Ⅱ型或Ⅲ型界面，都对复合材料性能有显著影响。

Ⅱ型、Ⅲ型界面控制复合材料的 10 类性能，即基体拉伸强度($\sigma_m$)、纤维拉伸强度($\sigma_f$)、反应物拉伸强度($\sigma_\tau$)、基体/反应物界面拉伸强度($\sigma_{im}$)、纤维/反应物界面拉伸强度($\sigma_{if}$)、基体剪切强度($\tau_m$)、纤维剪切强度($\tau_f$)、反应物剪切强度($\tau_\tau$)、基体/反应物界面剪切强度($\tau_{im}$)和纤维/反应物界面剪切强度($\tau_{if}$)。

反应物拉伸强度 $\sigma_\tau$ 是最重要的界面性能。反应物的强度、弹性模量与基体和纤维有很大不同。反应物的断裂应变一般小于纤维的断裂应变。反应物中裂纹的来源有两种，即在反应物生长过程中产生的裂纹(反应物固有裂纹)和在复合材料承受载荷时会先于纤维出现的裂纹。

反应物裂纹的长度对复合材料性能的影响与反应物厚度的大小直接相关。反应物裂纹的长度一般等于反应物厚度，当少量反应时(反应物厚度<500nm)，反应物在复合材料受力过程中产生的裂纹长度小，反应层裂纹所引起的应力集中小于纤维固有裂纹所引起的应力集中，所以，复合材料的强度受纤维中的裂纹控制；当中等反应时(反应物厚度 500~1000nm)，复合材料强度开始受反应物中的

裂纹控制，纤维在一定应变量后发生破坏；当大量反应时（反应物厚度 1000~ 2000nm）。反应带中产生的裂纹会导致纤维破坏。复合材料的性能主要由反应物中的裂纹所控制。

由上述研究结果可见，在Ⅱ型、Ⅲ型界面的复合材料中，反应物裂纹是否对复合材料性能产生影响，取决于反应物的厚度。可以认为存在一个反应物的临界厚度，超过此临界厚度，反应带裂纹将导致复合材料性能下降；低于此临界厚度，复合材料的纵向拉伸强度基本上不受反应物裂纹的影响。影响反应物临界厚度的因素有：

（1）基体的弹性极限。若基体弹性极限高，则裂纹开口困难，此时，反应物临界厚度允许大一些，即允许裂纹长一些。

（2）纤维的塑性。如果纤维具有一定程度的塑性，则反应物裂纹尖端引起的应力集中将使纤维产生塑性变形，从而使应力集中程度降低而不致引起纤维断裂。此时的界面反应物临界厚度值允许大一些。若纤维是脆性的，则反应物中裂纹尖端造成的应力集中很容易使纤维断裂，此时的临界厚度值则变小。

### 1.4.4　界面对断裂失效的影响

为了便于分析，对纤维增强复合材料的物理模型做了适当的简化，忽略基体与横向纤维的承载能力。由于受载过程中沿载荷方向的纵向纤维为主要受载体，基体合金主要起到传递载荷的作用；而且受载时，横向纤维垂直于载荷方向，纤维起不到承载作用，因此这种简化不会导致太大的误差。简化后纤维增强复合材料在承受载荷时，其断裂类型大致分为下面三类：

（1）积聚型（K型）：界面结合较弱。当外载增加时，沿试样整个体内不均匀积聚损伤。此时损伤主要指纤维断裂，若纤维损伤积聚过多，剩余截面不能承载而断裂，此时复合材料的强度主要决定于纤维束的强度。

（2）非积聚型（HK型）：界面结合较强。破坏时主要集中在一个截面内，不存在纤维拔出。这种断裂类型还可以进一步细分。

（3）混合型（C型）：上述两种断裂模式不能完全描述复合材料在大多数情况下的破坏，实际为以上两种断裂模式的混合。组元间界面结合强的地方发生非积聚型断裂，而在弱界面结合处发生积聚型断裂。

为了便于分析把复合材料简化为两束纤维（图1-17），其中一束界面结合强，发生 HK 破坏，用白色表示；另一束界面结合弱，发生 K 破坏，用黑色表示。发生以 HK 型为主的破坏时，少量 HK 型纤维先行破坏，在外载荷 $P$ 增加过程中，由于强界面结合导致裂纹无法沿纤维扩展，从而造成相邻纤维断裂，断面几乎在同一平面内。发生以 K 型为主的破坏时，由于界面结合强度弱，所以纤维断裂在整个试样内不均匀积聚，达到一定程度后，复合材料断裂，断口处纤维主要呈现不均匀拔出现象。发生以 C 型为主的破坏时，少量 HK 型纤维先行破坏，断口呈现台阶状；在外载荷 P 增加过程中，损伤逐渐积累，裂纹可以沿界面结合弱的地方扩展改变传播方向，当复合材料断裂时，界面结合较弱的地方就会出现纤维拔出现象。因此混合型断口中表现出阶梯状台阶与纤维拔出共存的现象。

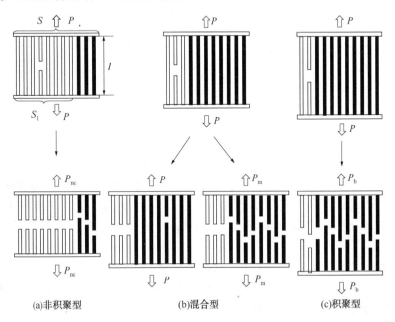

图 1-17　纤维增强复合材料的不同断裂模式

　　由于假设在混合型断裂中，忽略基体与横向纤维的承载能力，所以非积聚型破坏纤维承载的载荷为 $Q_1$，积聚型破坏纤维承载的载荷为 $Q_2$。$Q_1$ 和 $Q_2$ 分别计作：

$$Q_1 = \sigma_{nc}\left[1 - F(\sigma_{nc})\right]S_{f1} \tag{1-6}$$

$$Q_2 = \sigma_{max}\left[1 - F(\sigma_{max})\right]S_{f2} \tag{1-7}$$

式中　$\sigma_{nc}$——发生 HK 型破坏发生时的纤维应力，MPa；

$S_{f1}$——发生 HK 型破坏时的总横截面积，$mm^2$；

$S_{f2}$——发生 K 型破坏时的总横截面积，$mm^2$；

$\sigma_{max}$——发生 K 型破坏时的最大纤维应力，MPa；

$F(\sigma_{nc})$——纤维应力为 $\sigma_{nc}$ 时的纤维强度分布函数。

　　由于很多学者在实验中发现纤维强度分布符合 Weibull 分布，并得到了纤维强度分布函数：

$$F(\sigma) = 1 - \exp(-\alpha L\sigma^\beta) = 1 - \exp\left[-L\left(\frac{\sigma}{\sigma_0}\right)^\beta\right], \quad \sigma \geqslant 0 \tag{1-8}$$

式中　$F(\sigma)$——$L$ 长的纤维在应力不超过 $\sigma$ 时的破坏概率，%；

$\alpha$、$\beta$——Weibull 分布的两个参数，其中 $\alpha$ 为尺度参数、$\beta$ 为形状参数。

显然 $S_{f1}+S_{f2}=S$，$S$ 为所有纤维总横截面积。因此，可以得到：

$$\frac{S_{f1}}{S}+\frac{S_{f2}}{S}=1 \tag{1-9}$$

令：

$$\frac{S_{f1}}{S}=\theta \tag{1-10}$$

于是：

$$\frac{S_{f2}}{S}=1-\theta \tag{1-11}$$

代入上式可得：

$$Q_1=\sigma_{nc}\left[1-F(\sigma_{nc})\right]\theta S \tag{1-12}$$
$$Q_2=\sigma_{max}\left[1-(\sigma_{max})\right](1-\theta)S \tag{1-13}$$

$\theta$ 为一无量纲参数，表示纤维与基体的界面结合强度，其取值范围为 $0\sim1$。$\theta=0$ 时，代表纤维与基体完全没有结合的均匀界面；$\theta=1$，代表纤维与基体完全结合的均匀界面；$\theta$ 为其他值时反应界面部分结合，或部分未结合的非均匀界面。

在该物理模型下，断裂载荷可以取以下几种形式：

HK 型纤维先于 K 型纤维断裂，且断口为 HK 型，如图 1-17（a），此时，$P=P_{nc}$，由于是 HK 型断裂，此时 $Q_1=P$，且 $P>Q_2$。

$$P_{nc}=\sigma_{nc}\left[1-F(\sigma_{nc})\right]S_{f1} \tag{1-14}$$

HK 型纤维先于 K 型纤维断裂，且 $P=Q_2$ 时复合材料发生破坏，此时断口为混合型，如图 1-17（b），载荷表达式为 $Q_2$。

HK 型纤维和 K 型纤维同时断裂，且断口为积聚型断口，如图 1-17（c）。

$$P_b=\sigma_{max}\left[1-F(\sigma_{max})\right]S \tag{1-15}$$

上述三种情况下，复合材料破坏时纤维承载的应力即可在公式两边除以受力面积 S 得到：

HK 型断裂 $\sigma_{fnc}=\sigma_{nc}\left[1-F(\sigma)\right]$ (1-16)

混合型断裂 $\sigma_{fm}=\sigma_{max}\left[1-F(\sigma_{max})(1-\theta)\right]$

(1-17)

K 型断裂 $\sigma_b=\sigma_{max}\left[1-F(\sigma_{max})\right]$ (1-18)

HK 型断裂转变为混合型断裂取决于和的相对大小，当两者相等时即是转换条件，由此可求得 $\theta$ 的两个根 $\theta_1$ 和 $\theta_2$。根据乔生儒在《复合材料细观力学性能》中的计算可以得到图 1-18，由此可见随着界面结合强度（$\theta$）的改变，复合材

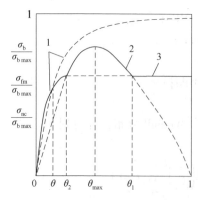

图 1-18　复合材料强度与
界面结合的关系

48

料的强度也会出现相应的变化，并且复合材料强度并不是随着界面结合强度的增加而一直升高，而是存在一个最佳的结合强度。在界面结合强度最佳时复合材料的抗拉性能最好，过高或过低的界面结合强度都不利于复合材料强度的提升。

# 1.5 纤维增强复合材料的发展现状与趋势

## 1.5.1 发展现状

高性能纤维及其复合材料是引领新材料技术与产业变革的排头兵，广泛应用于航空航天、轨道交通、舰船车辆、新能源、健康产业和基础设施建设等重要领域，集军事价值与经济价值于一身，是各国军事发展与经济竞争的焦点之一。在复合材料中，最早开发和应用的是玻璃纤维树脂基复合材料。20 世纪 40 年代，美国首先用玻璃纤维和不饱和聚酯树脂复合，以手糊工艺制造军用雷达罩和飞机油箱，为玻璃纤维复合材料在军事工业中的应用开辟了道路。进入 60 年代以后，人们注意到玻璃钢的质量较大、模量较低，满足不了航天、航空、飞行器等高新产品对材料的高比强度和高比模量的要求，因此在 60 年代至 70 年代相继开发了质轻的碳纤维及其高比强度和高比模量的碳纤维复合材料。继碳纤维之后又开发出芳香族聚酰胺纤维(芳纶)及其他高性能纤维。这类以碳纤维复合材料为代表的复合材料称为先进复合材料(ACM)。

作为主要的技术发源地，并得益于强大的工业基础和长期积累，美国、日本和欧洲等国家和地区在高性能纤维及其复合材料领域已形成先进优势。美国的优势集中在黏胶基碳纤维、沥青基碳纤维、氧化铝纤维、芳纶纤维、树脂基体和热工装备等方面，复合材料应用技术也遥遥领先；日本在聚丙烯腈基碳纤维、沥青基碳纤维、陶瓷纤维及其复合材料、复合材料体育用品等方面具有明显优势；欧洲在纺丝装备和复合材料制造装备方面基础好、水平高，本土复合材料发展有一定规模的宇航工业牵引。美国、日本和欧洲在高性能纤维及其复合材料方面具有很高的相互依存度，技术与资本交叉融合，形成其产业生态圈。俄罗斯等传统东欧国家继承了苏联自主发展的复合材料技术，有机纤维、黏胶基碳纤维及复合材料的技术水平较高，各种热加工设备实用可靠，可基本满足其国防工业需求。

近年来，国家有关部门陆续出台了《中国制造 2025》《关于加快新材料产业创新发展的指导意见》《新材料产业发展指南》等政策文件，强调了新材料产业的战略地位，也为高性能纤维及其复合材料提供了重要的发展机遇。2018 年，中国工程院启动了"新材料强国 2035 战略研究"重大咨询项目，旨在贯彻落实"十九大"精神，推动战略性新兴产业的高质量发展，为实现材料大国向材料强国的战略性转变，提供决策与咨询建议。

"十二五"以来，我国新材料产业发展取得了长足进步，创新成果不断涌现，龙头企业和领军人才不断成长，整体实力大幅提升，有力支撑了国民经济发展和国防科技工业建设。

2019 年，我国碳纤维的需求量约为 3.8 万 t，但超三分之二用量为国外碳纤维；我国碳纤维运行产能约为 2.6 万 t，实际销量约为 1.2 万 t。国产小丝束碳纤维实现销售约 7000t，并在逐步扩大市场份额，其余为国产大丝束碳纤维。中国超高增长需求的主要驱动者是风电叶片市场，为国内碳纤维企业带来了难得的发展机遇。

在芳纶纤维方面，我国建成了多条千吨级对位芳纶生产线，2019 年我国对位芳纶产量达到 2.8kt，2020 年预计将达到 5.0kt；间位芳纶产能超 1.5kt，产量达到 1.1kt，我国成为间位芳纶的主要生产国之一。2019 年我国 UIMWPE 纤维产能约为 3.3 万 t，产量为 2.3 万 t，出口为 3.3 万 t，产品具有一定的国际竞争力。

我国高性能纤维复合材料应用技术日趋成熟，应用部位由次承力构件扩大到主承力构件，由单一功能材料向多功能、结构功能一体化转变，有效缓解了国家重大工程、国防重点装备的迫切需求。高性能纤维及其复合材料产业也由开拓推广期向快速扩张和稳定成长期迈进，复合材料应用领域由航空、航天、兵器等扩展到了风力发电、轨道交通、汽车等众多民用领域；产业规模不断扩大，如国内碳纤维销售额达 30 亿元规模，优势企业近年陆续在内蒙古、青海等中西部地区投资扩产，这将对中西部地区科技与经济发展起到积极的带动作用，支撑新兴产业的区域均衡发展。

## 1.5.2 发展趋势

结合 Grand View 对全球复合材料年复合增长率 7.8% 的预测、CCev 对全球碳纤维复合材料的预测和 AVK 对欧洲玻璃纤维复合材料的预测等数据资料分析，预计 2020—2025 年全球复合材料市场平均增长幅度为 6%，到 2025 年达到约 1200 亿美元的市场规模。

市场增长的主要驱动力是航空航天、国防和汽车行业对轻质材料需求的不断增长，建筑、管道和储罐行业对耐腐蚀、耐化学材料的需求，以及电力电气行业对电绝缘和阻燃材料的需求。随着国民经济的高速发展，经济结构的转变，新能源、环保、高端装备制造等其他新兴产业的加快发展，国内高性能纤维复合材料需求将日渐强劲。其中交通运输、工业设备发展推动高分子复合材料增长潜力很大，从子行业应用看，航天航空、汽车、风电等行业需求增长力度较强。

陈祥宝院士在《先进复合材料技术导论》中指出，未来先进复合材料技术的发展方向大至如下：

先进树脂基复合材料继续向高性能化发展，应用减重效率不断提高。目前大型飞机的主承力结构采用 T800 级高强中模碳纤维增强复合材料,下一代大型飞机将要求使用性能更高的碳纤维增强复合材料。T1100 级碳纤维的出现为更高性能复合材料的研制提供了基础。要在此基础上进步提高复合材料的韧性,发展和应用复合材料结构整体成型技术,使复合材料的应用减重效率进步得到提高。

突出强调发展低成本复合材料,提高复合材料应用效能。先进树脂基复合材料大量应用的主要障碍之一是成本过高。应进一步发展和应用复合材料制造过程模拟与优化技术、RTM(VARI)、RFI(树脂膜熔渗)、树脂渗透等低成本成型技术、复合材料低能固化技术,实现先进树脂基复合材料构件的低成本制造,提高复合材料的应用效能。

积极发展自动化和数字化制造技术,提高大型复合材料构件制造效率和质量。积极研制复合材料自动化制造设备,开展自动铺放技术等自动化、数字化制造技术研究,实现大型复合材料构件自动化、数字化制造。大型复合材料构件对模具的变形、精度、使用方便性和储热性能等更高的要求,应高度重视大型复合材料构件成型模具技术,尽快开展大型复合材料构件成型模具技术研究,以支撑大型复合材料构件的高效研制。

高度重视结构/吸波等多功能复合材料和纳米复合材料技术的发展,满足未来新型装备发展的要求。结构/吸波等多功能复合材料和纳米复合材料技术是未来新型战斗机等装备提高性能和生存力的关键材料。应加强纳米复合材料的研究,以大幅度提升复合材料的性能。应高度重视结构吸波等多功能复合材料的发展,引入新的吸波机制拓展吸波频带,提高吸波效率、力学性能和使用温度,以满足新型装备发展的需求。

强调发展复合材料"工程化"和使用维护技术,实现先进复合材料向其他领域的快速渗透,促进复合材料产业的形成。遵循复合材料的材料和构件同步形成,以及复合材料技术是集材料、工艺和设计一体化的综合交叉的技术特点,以复合材料构件为对象开展工程化技术研究,建立集设计技术、材料技术、成型工艺、性能表征和质量控制技术于一体的复合材料技术体系,促进复合材料技术成果的快速转化和应用,支撑复合材料产业的形成。积极开展复合材料使用维护和维护技术研究,建立复合材料构件使用维护和修理体系,支撑树脂基复合材料的高效和可靠应用。

# 第2章 纤维增强复合材料的制备与表征

　　纤维增强复合材料的制备工艺一直是关系到其性能、成本、应用的关键技术。由于纤维增强复合材料具有材料与结构的一致性，所以其制备工艺需要兼顾结构设计与材料成型两方面的工艺要求。尽管存在很多技术成熟的传统材料制备工艺，但是鉴于纤维增强复合材料本身的特殊要求，其制备工艺与传统的材料制备工艺存在很大区别。此外，不同类型的纤维增强复合材料在其制备工艺上也存在着很大差别，同时有各自的技术难点，需根据不同情况采取不同措施加以解决。本章将从树脂基、金属基、陶瓷基和碳基四个方向介绍不同的纤维增强复合材料制备工艺，并且对纤维增强复合材料的表征技术做简要介绍。

## 2.1 树脂基复合材料制备工艺

　　树脂基复合材料的制备工艺可以分为一步法和两步法(图 2-1)。早期的树脂基复合材料的制备主要有两种：一种是将树脂浸渗纤维后，直接按照设计要求铺放、固化，直接制备成复合材料成品制件；另一种是先将纤维按照设计要求制备具有成品形状的预制体，然后实现树脂浸渗、固化，制备成复合材料成品制件。这两种制备方法均是实现从原材料到成品的一次加工，可视为一步法。该方法虽然工艺简便、设备简单，但是溶剂、水分等挥发物不易去除，容易残留在基体中形成孔洞。

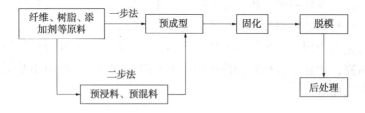

图 2-1　树脂基复合材料的制备工艺

　　为了解决一步法制备工艺的弊端，提高纤维增强复合材料的制备质量，研究者们提出了两步法制备工艺。两步法是指纤维、树脂等原材料按照设计要求铺放、浸渗、固化或烘干制备成半成品(类似于传统结构材料中的型材)，然后利用干态或略带黏性的半成品进行再加工，制备成复合材料成品制件的工艺。可降低制品孔隙率，并较好地控制含胶量和解决分布不均的问题，确保复合材料制品质量。

经过近100年的发展，树脂基复合材料形成了以手糊成型、模压成型、树脂传递模塑成型、缠绕成型、拉挤成型等不同技术为代表的不同的制造技术体系。并且随着树脂基复合材料工业的迅速发展和日渐完善，新的高效制备工艺不断出现，使得树脂基复合材料的制备工艺也由劳动密集型逐渐转向自动化、智能化方向。材料性能和制备质量也得到了本质上的提升。

### 2.1.1 手糊成型

手糊成型（Hand Lay-up）工艺是树脂基复合材料制造中最早使用的工艺。采用手糊成型工艺制备纤维在增强复合材料时，需要根据制件形状制备相应的模具，然后在模具上涂刷脱模剂，并根据制件形状将裁剪好的纤维织物铺放在模具上，并涂刷或喷涂调配好的液态树脂，实现纤维织物与液态树脂浸渗后，再进行第二层纤维织物的铺放与浸渗；如此反复直至达到设计要求，完成复合材料制备。当然，手糊成型工艺也可以先将纤维织物在调配好的树脂液体中浸渗完成后再在模具上完成铺放。手糊成型的工艺示意图如图2-2所示。

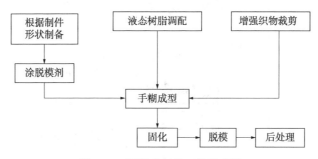

图 2-2　手糊成型的工艺示意图

受人工操作的工艺限制，由于手糊成型时操作工人与制备材料直接接触，而树脂制备过程中的挥发物往往具有刺激性气味或对人身体有害。因此，手糊成型操作时需要做好操作工人的安全防护，并且尽量选用无毒或低毒的树脂及添加剂；而且为了减少工作对人身体的伤害，应尽量选用能在室温下凝胶、固化的树脂体系，避免加热带来额外的劳动强度。树脂的黏度也要适中，黏度过低会产生流胶现象，导致制品缺胶；树脂黏度过高会造成涂刷或浸渗困难，实际操作中树脂的黏度一般控制在 0.2～0.8Pa·s 之间。选用树脂时，通常以不饱和聚酯树脂为主，其使用量约占各种树脂总用量的80%；其次是环氧树脂。但是在航空航天等特殊领域，通常选用湿热性能和断裂韧性优良且耐高温、耐辐射的双马来酰亚胺、聚酰亚胺等高性能树脂。增强纤维以连续纤维为主，也有部分短切毡及短切纤维。

手糊成型工艺由于是人工作操作，仅需要必备的产品模具，不需要大型的设备做辅助，所以设备投资少。此外，人工操作时可以在产品不同部位任意增补或裁剪增强材料，产品尺寸和形状对产品的制备影响较小，适宜尺寸大、形状复杂、批量小产品的生产。但是人工操作时劳动强度较大，铺层之间的多余树脂去除困难，所以复合材料中纤维的体积分数相对较低，且制备效率和产品质量非常依赖操作工人的专业技能，通常用于性能和质量要求一般的制品。

### 2.1.2 模压成型

模压成型(Matched-die Molding)又称压制成型，是一种热固性树脂和热塑性树脂都适用的纤维复合材料压力成型技术，其工艺示意图与流程图如图2-3和图2-4所示。采用模压成型工艺制备纤维增强复合材料时需要借助压力机等设备提供压制力，在加热加压的条件下使纤维、树脂、添加剂等模压料充满型腔，固化成型后形成与型腔形状相同的制品。

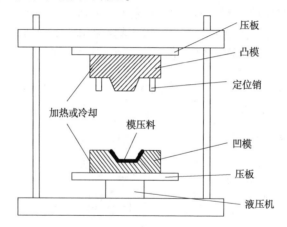

图 2-3　模压成型示意图

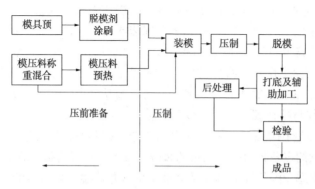

图 2-4　模压成型工艺流程

模压成型整个工艺过程大致可以分为压前准备和压制两个阶段。

（1）压前准备阶段：需要对模具进行清理、涂刷脱模剂、预热等工作。同时根据制件的性能、形状、尺寸等要求确定模压料中纤维、树脂、添加剂等各模压料的比例，并估算制品所需模压料的用量并混合均匀。此外，为了改善模压料的工艺性能，如增加流动性，便于装模和降低产品收缩率，要对模压料预先进行加热处理。

（2）压制阶段：压制时将混合均匀后的模压料加入模具型腔内，闭合模具，在规定的温度和压力下成型；由于纤维、树脂、添加剂等模压料制件存在大量的间隙，因此模压料在压制过程中会溢出大量气体，这些气体如果不及时排出，会固化在制品内部形成气孔缺陷，大大降低产品性能。所以，压制过程中需排除多余气体以减少产品的气孔缺陷。在压制过程中模压料在一定的温度、压力和时间的条件下，微观上分子链由线型变成了网状体型结构，同时宏观上历经黏流、凝胶和凝固三个阶段，达到由模压料到产品的转换。

模压成型工艺早在 20 世纪初就已经出现，当时被用于酚醛塑料产品的制备，由于具有生产效率高、产品尺寸准确、产品表面光洁等优点，所以复合材料出现后被用于纤维增强树脂基复合材料的制备。采用模压成型工艺制备纤维增强树脂基复合材料时，制品的外观及尺寸重复性好，且多数结构复杂的制品可一次成型，不需要二次加工。因此，可以避免二次加工带来的产品性能降低。模压制品被广泛应用于工业、农业、交通运输、电气化工、建筑、机械等民用领域。由于模压制品质量可靠，在兵器、飞机、导弹、卫星等军用领域上也都得到了广泛的应用。但是模压工艺对压机及模具投资高，制备形状复杂的制品时其模具设计复杂，制备困难，制品尺寸也会受设备和模具的限制，一般只适合制造批量大的中、小型制品。

### 2.1.3 树脂传递模塑成型

树脂传递模塑（Resin Transfer Molding，RTM）是从湿法铺层和注塑工艺中演变而来的一种复合材料成型工艺。RTM 成型的工艺过程，主要包括预制体制备、预制体组装合模、树脂混合液注入并浸渗、加热固化和开模具获得复合材料制件。首先将增强纤维制备成与产品形状相同或相似的预制体，并将其置于闭合的模具中；然后在压力或真空等辅助条件下，将按比例配制好的含有树脂、固化剂、添加剂的树脂混合液注入闭合模具中；在树脂混合液注入的同时浸渗模具内的纤维预制体并排除气体。在完成树脂混合液注入并浸渗纤维预制体后，树脂混合液发生交联反应完成固化，得到复合材料制件，如图 2-5 所示。

RTM 工艺的发展历史可以追溯到 20 世纪，当时 Marco 化学公司提出了 RTM 工艺的早期概念。虽然现在的 RTM 工艺设备的复杂程度及工艺水平远远高于早期出现时的初步设想，但基本原理是一致的。

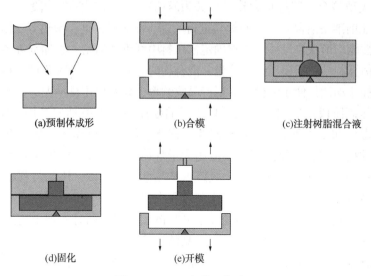

(a)预制体成形        (b)合模        (c)注射树脂混合液

(d)固化        (e)开模

图 2-5　RTM 成形工艺过程

经过几十年的发展，RTM 技术已经成为较为成熟的复合材料制备工艺，应用领域也逐步扩大，并且在传统 RTM 工艺的基础上衍生出了多种形式的新工艺，如真空辅助树脂传递模塑（Vacuum-Assisted RTM，VARTM）、连续树脂传递模塑（Continuous Resin Transfer Molding，CRTMTM）、共注射树脂传递模塑（Co-Injection RTM，CIRTM）、真空辅助树脂注射（Vacuum-Assisted Resin Injection，VARI）等。尤其是 VARTM 的出现，大大提高了 RTM 工艺的成型质量和成型效率。在真空的辅助条件下，不但可以有效地减少气孔等缺陷的形成，而且可以有效改善树脂的流动性和浸润性；同时在真空的作用下可以降低模具内部的压力，从而降低了 RTM 工艺对模具系统的要求，大大拓展了 RTM 工艺的应用领域。

陈祥宝院士在《先进复合材料技术导论》中指出，与其他复合材料成型技术相比，RTM 工艺具有以下优点：

（1）由于采用闭合模具成型，RTM 成型技术能够制造具有高表面质量、高尺寸精度、较高纤维含量的复杂结构复合材料产品；而且闭模注射工艺可极大地减少树脂中挥发性成分以及溶剂的使用量，既可以降低复合材料的孔隙率，又有利于安全生产和环境保护。

（2）RTM 成型技术中，纤维增强体是以预制体的形式使用的。这些预制体可以是单向/双向机织布、短切毡，非皱褶织物（NCF）、三维针织物、二维/三维编织物等；还可根据性能要求进行择向增强、局都增强、混杂增强以及采用预理及夹芯结构等，充分发挥复合材料的可设计性。此外，采用三维纺织预制体或缝合预制体，还可以借此改善复合材料的层间强度。

（3）RTM 成型复合材料的成本基本上取决于选用的树脂体系和预制体，原材料的价格很大程度上决定了零件的价格，因此采用 RTM 成型工艺可以降低复合材料成本。由于各类先进纺织预制体，其制造成本只比碳纤维原材料高出 5%～20%，却能显著减少准备预制体所需的工时和投入的人力，从而进一步降低复合材料制件的制造成本。

（4）RTM 成型制件和成型模具都可大量采用 CAD 设计，投产前的准备时间短，生产效率高，并可充分利用数值模拟分析工具完善设计。通过预先制造近净形的纤维预制体，并在闭合模具中注胶成型，几乎可以制造任何形状的复合材料制件，提高了结构整体性，并且极大地减少了后加工的需要。

由于 RTM 工艺采用闭合模具成型，因此模具型腔的设计、注入口和排气口位置的选择、模具密封等因素都会对树脂流动和纤维预制体浸渍产生重要影响。因此不适合单件、小批量产品的制备。

### 2.1.4 缠绕成型

缠绕成型（Filament Winding）是指在一定的张力作用下，将浸渗后的纤维或纤维制品按照一定的规律缠绕到芯模上，固化成型后达到制备要求的一种连续纤维增强复合材料制备工艺，其工艺原理如图 2-6 所示。缠绕过程中如果纤维或纤维织物不经过树脂浸渗，可以制备出只有纤维制成的产品。因此，缠绕成型工艺不仅可以用于纤维增强复合材料的制备，而且还可以用于纤维预制体的制备。

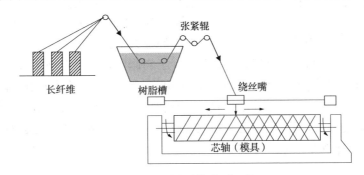

图 2-6　纤维缠绕成型工艺

纤维与芯模轴向间的交角 $\alpha$ 称缠绕角，通过调整芯模的旋转和缠绕纤维移动的速度，可使缠绕角在接近 0°至接近 90°之间变化，从而得到不同的缠绕线型。基本缠绕线型包括环向缠绕、纵向缠绕和螺旋缠绕三种。

（1）环向缠绕：芯模绕自己轴线做匀速转动，导丝头在平行于芯模轴线方向的筒身区间运动，芯模每转一周，导丝头移动的步距 $w$ 等于一个纱片宽度 $b$，如此循环下去，直至纱片布满芯模圆筒段表面为止。环向缠绕的特点是只能在筒身段进行，不能缠绕封头（曲面体），邻近纱片之间相接而不相交。纤维的缠绕角 $\alpha$ 通常在 85°～90°之间，如图 2-7 所示。

（2）纵向缠绕：纵向缠绕又称平面缠绕，如图2-8所示。缠绕时，缠绕机的绕丝嘴在固定的平面内做匀速圆周运动，芯模绕自身轴线慢速旋转，绕丝嘴每转一周，芯模旋转一个微小角度，相当于芯模表面上一个纱片的宽度。纵向缠绕时纤维的缠绕角 $\alpha$ 通常<25°。

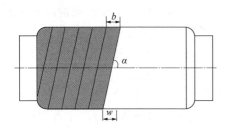

图2-7　环向缠绕示意图

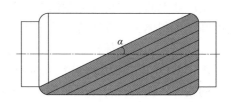

图2-8　纵向缠绕示意图

（3）螺旋缠绕：芯模绕自己轴线匀速转动，导丝头按特定速度沿芯模轴线方向往复运动。于是，在芯模的筒身和封头上就实现了螺旋缠绕，其缠绕角为

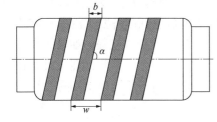

图2-9　螺旋缠绕

12°~70°，如图2-9所示。在螺旋缠绕中，纤维缠绕不仅在圆筒段进行，而且在封头（曲面体）上也可进行。纤维从容器一端的极孔圆周上某点出发(或从圆筒体上)，随后，按螺旋线轨迹经圆筒段，进入另一端封头，如此循环下去，直至芯模表面均匀布满纤维为止。

采用缠绕工艺制备纤维增强复合材料时，树脂的含量是在缠绕过程中受到控制。树脂浸渗纤维的方式通常采用浸渍法和胶辊接触法，如图2-10所示。浸渍法是通过挤胶碾压力大小来控制含胶量。胶辊接触法，是通过调节刮刀与胶辊的距离，以改变胶轮表面胶层厚度来控制含胶量。此外，缠绕张力也会对制备复合材料制件的树脂含量产生一定的影响。

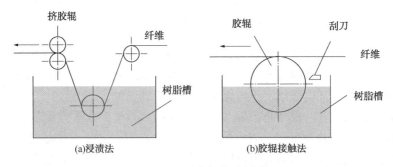

图2-10　浸胶方式示意图

纤维缠绕成型技术最适用于制备旋转体，如筒、罐、管、球、锥等；随着缠绕技术的发展，近年来发展起来的异型缠绕技术，可以实现复杂横截面形缠绕。采用异型缠绕技术可以用来制备飞机机身、机翼及汽车车身等非旋转体部件，使得缠绕成型工艺的应用范围也越来越广。

采用缠绕工艺时，纤维按预定要求排列的规整度和精度高，通过改变缠绕张力可以得到不同纤维体积分数，进而可以实现等强度设计，能在较大程度上发挥增强纤维抗张性能的优异特点。由于纤维是加张力后缠绕的，所以可以制备纤维体积分数较高的制品(最高可达80%)，从而提高制品的性能。但是为了避免各缠绕层由于缠绕张力作用导致产生内松外紧的现象，应有规律地使张力逐层递减，使内外层纤维的初始应力相同。通过改变缠绕角可以得到不同的纤维排布方式，可制得各向强度相同或相异的制品。

但是采用缠绕工艺时，制品沿纤维方向强度的提升性较为明显，但是缠绕过程中层与层之间的层间剪切强度低，受到冲击载荷作用时容易发生层间开裂。当制备带有中空的旋转体时，往往需要根据制品的形状、体积、质量、内腔表面光洁度等因素添加内衬和芯模。常用的内衬或芯模材料有石膏、石蜡、金属或合金、塑料等，也可用水溶性高分子材料，如以聚烯醇作黏结剂黏结型砂制成芯模，芯模结构也多种多样。为了便于制件脱模，芯模可设计成可拆(组合模具)、可碎(粉碎模具)、可溶(溶解模具)等形式以便脱模。金属芯模常制成可卸的组合芯模。对于小批量或单件生产的制品，为降低成本，常用金属作为骨架、用石膏塑造型面的可卸式组合芯模。

### 2.1.5 拉挤成型

拉挤成型(Pultrusion)是一种以连续纤维及其织物或毡类材料增强复合材料型材的制备工艺。将浸渍了树脂胶液的连续纤维材料，在牵引力的作用下，通过成型模定型，在模具中或固化炉中固化，形成具有特定横截面形状和长度不受限制的复合材料型材(如管材、棒材、槽型材、工字型材、方型材等)的一种高效自动化工艺技术，其工艺原理如图2-11所示。

传统拉挤成型工艺的主要步骤包括：纤维输送、纤维浸渍、成型与固化、夹持、拉拔和切割。该工艺适用于制造各种不同截面形状的管、棒、角形、工字形、槽形、板材等型材制品，具有设备造价低、生产效率高、可连续生产任意长度的各种异型制品、原材料利用率高的优点，但是制品方向性强，剪切强度较低。

传统拉挤成型技术出现于20世纪40年代，第一个拉挤成型工艺技术专利于1951年在美国注册。20世纪40年代中期，由于化学工业对轻质高强、耐腐蚀和低成本的迫切需要，促进了拉挤工艺的发展，特别是连续纤维毡的问世，解决了

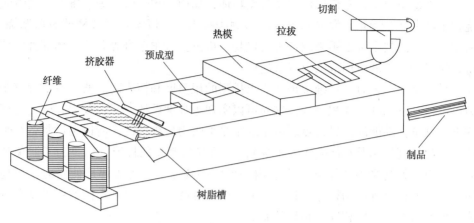

图 2-11　拉挤成型工艺原理图

拉挤型材横向强度问题，使得拉挤型材的应用范围进一步扩大。从 20 世纪 70 年代起，拉挤制品开始步入结构材料领域，以每年 20% 左右的速度增长，拉挤成型工艺也随之进入了一个高速发展和广泛应用的阶段，成为复合材料工业的一种重要成型技术。

在 20 世纪 80 年代，日本的 JAMCO 公司在传统拉挤成型技术的基础上开发出高性能预浸料拉挤成型技术。高性能预浸料拉挤工艺的基本过程大致为：将预浸料经过叠层和预成型后引入可加热和加压的模具，然后进入固化炉进行固化；牵引装置将固化后的产品带入修边机对产品进行切割和修整，主要包括预浸料送料、预成型、加热加压、后固化、牵引、切割、修边、超声无损检测、机械加工、产品终检与标识等若干环节。

预浸料拉挤技术使用高性能的单向带或织物预浸料作为原材料，以较低的成本和较高的效率制备出性能与热压罐工艺相当的复合材料产品，是传统拉挤成型技术在高性能树脂基复合材料制造领域的成功拓展。但是对于高性能预浸料拉挤成型工艺来说，产品多用于航空航天等领域的高性能复合材料结构；为了保证产品性能，使用的预浸料中不含内脱模剂，这就导致了拉挤过程中模具与制品之间因摩擦力过大导致脱模困难。为了解决此问题，美国 KAZAK 复合材料公司发明了一项专利技术，在预浸料拉挤的同时牵引一连续隔离层进入模具，复合材料固化后将隔离层从制品表面除去。这个隔离层是与模具材料之间摩擦系数较小的玻璃布和/或聚四氟乙烯薄膜制成的。隔离层不但起到减小拉挤摩擦力的作用，还可调节模具内部的压力，有利于制品厚度的控制，特别是很薄的复合材料的拉挤。

对于拉挤成型工艺而言，模具是其关键部件。由于产品形状和结构的不同，模具也是多种多样。对实心产品，仅有外模即可；而空心产品同时需要外模和芯模。同一个模具还分为预成型模和成型模两段；预成型模不加热，也称为冷模，用于浸有树脂的玻璃纤维的预成型，并排除纤维中多余的树脂和气泡；成型模需要加热，使产品最后定形、固化。

拉挤成型的最大特点是连续成型，制品长度不受限制，可根据需要定长切割。力学性能尤其是纵向力学性能突出，制品的纵向和横向强度可根据需要调整，以适应不同制品的使用要求；结构效率高，制造成本低，自动化程度高，制品性能稳定，生产效率高，原材料利用率高，不需要辅助材料。它是制造高纤维含量、高性能、低成本复合材料的一种重要方法。因此，拉挤复合材料可以取代金属、塑料、木材、陶瓷等材料，从而在石油、建筑、电力、交通、运输、体育用品、航空航天等工业领域得到广泛应用。

### 2.1.6 其他相关技术

1. 预浸料制备技术

预浸料是用树脂基体在严格控制的条件下浸渍连续、短切纤维或织物，制成树脂基体与增强体的组合物，是制造复合材料的中间材料，如图2-12所示。是进行铺层设计的基础，也是直接用来制造各种复合材料构件的原料。

早在20世纪40年代末期，国外就开始使用玻璃纤维增强预浸料。直到60年代末70年代初，随着高性能纤维如碳纤维、芳纶等的相继问世，预浸料的工艺状态稳定和质量控制得到可靠的保障，各种预浸料的制备技术有了很大发展。之后，随着增强纤维和树脂基体性能的不断提高，促进了预浸料的研究和开发，其工艺技术日趋成熟，应用范围不断扩大。预浸料的制备工艺可以分为湿法和干法两种不同的制备工艺。

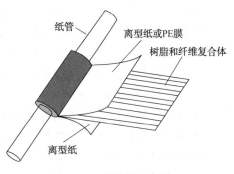

图2-12 预浸料示意图

1) 预浸料湿法制备工艺

湿法也称溶液浸渍法，即将树脂溶于一种低沸点的溶剂中，形成一种具有特定浓度的溶液，然后将纤维束或者织物按规定的速度浸渍树脂溶液，并用刮刀或计量辊筒控制树脂含量，再通过烘箱干燥并使低沸点的溶剂挥发，最后收卷。溶液法又分为滚筒缠绕法和连续浸渍法。滚筒缠绕法是指将浸渍树脂基体后的纤维束或织物缠绕在一个金属圆筒上，每绕一圈，丝杆横向进给一圈，这样纤维束就平行地绕在金属圆筒上了。待绕满一周后，沿滚筒母线切开，即形成一张预浸料。该工艺效率低，产品规格受限，目前仅在教学或者新产品的开发上使用。连续浸渍法则是由几束至几十束的纤维平行且同时通过树脂基体溶液槽浸胶，再经过烘箱使溶剂挥发后收集到卷筒上，其长度不像滚筒法那样受到金属圆筒直径的限制。其工艺过程如图2-13。湿法制备的预浸料浸胶量与胶槽中胶液浓度、浸胶速度、纤维所受张力等因素有关。

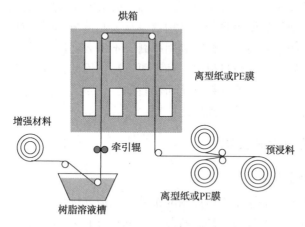

图 2-13　连续浸渍法工艺

　　湿法具有设备简单、操作方便、通用性大等特点。主要缺点是增强纤维与树脂基体比例难以精确控制，树脂基体材料的均匀分布不易实现，挥发成分的含量也较难控制。此外，由于湿法过程中使用的溶剂挥发会造成环境污染，并对人体健康造成一定危害，所以湿法工艺在国外已逐步被淘汰。

　　2）预浸料干法制备工艺

　　干法也称热熔法，它是先将树脂在高温下熔融，然后通过不同的方式浸渍增强纤维制成预浸料。干法按树脂熔融后的加工状态可分为一步法和两步法。一步法是直接将纤维通过含有熔融树脂的胶槽浸胶，然后烘干收卷，如图2-14。

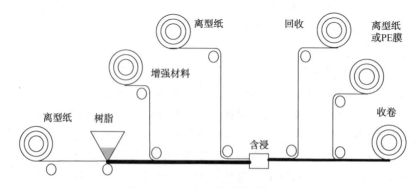

图 2-14　一步法预浸料制备工艺

两步法又称胶膜法，它是先在制膜机上将熔融后的树脂均匀涂覆在浸胶纸上制成薄膜，然后与纤维或织物叠合经高温处理。为了保证预浸料树脂含量的稳定，树脂胶膜与纤维束通常以"三明治"结构叠合，如图 2-15，最后在高温下使树脂熔融嵌入到纤维中形成预浸料。

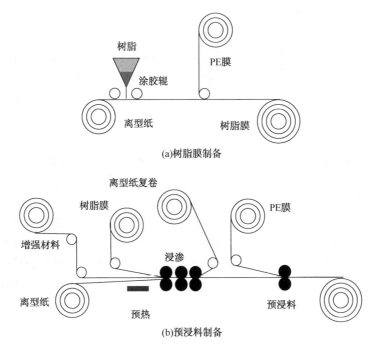

(a)树脂膜制备

(b)预浸料制备

图 2-15　两步法预浸料制备工艺

## 2. 自动铺放技术

自动铺放技术 AFP( Automated Fiber Placement)，是利用机器代替手工实现复合材料成型的自动化成型技术之一，集预浸料剪裁、定位、铺叠、压实等功能于一体，在航空航天高性能复合材料结构制造中应用极为广泛，近年来发展十分迅速。复合材料自动铺放技术主要包括自动铺带 ATL( Automated Tape-Laing)和自动铺丝 ATP( Automated Tow Placement)技术。采用自动铺放技术可以明显地降低具有复杂形状的复合材料构件的制造成本。早的自动铺放技术研究来自复合材料机身的制造，如果采用缠绕技术制造机身时，遇到的问题是缠绕张力使凹面产生缝隙，缠绕张力使纤维产生滑移而偏离应该的位置和缠绕工艺不能有效地改变厚度；纤维铺放技术解决了上述问题，它可以在大型复杂型面上铺放和压实连续预浸纤维，纤维在芯模上铺放完全在无压力状态下进行。

### 1）自动铺带技术

自动铺带技术是通过计算机控制铺放路径，将一定宽度的预浸带在铺带机的推送、裁剪及辊压功能作用下，把材料按照既定轨迹铺放到模具上，以使复合材料铺层实现自动化的技术。自动铺带的过程中预浸带的定位、铺叠、裁剪以及辊压均都通过数控技术自动实现，一旦固定了铺带程序，操作步骤就会固定重复，这样有利于确保制作质量的一致性。

自动铺带有着表面平整、定位精准、高精度、快速以及质量稳定性高等优势，主要用于平面型或低曲率曲面的准平面型复合材料整体构件层铺制造，典型应用是曲率不大的大型机翼壁板、尾翼壁板等部件，常规铺贴头限制角度不超过水平面30°，可以直接在模具上完成铺层的铺叠后，采用热压罐工艺进行固化。据国外统计，自动铺带对大的有外形的复合材料零件是一种很有效率和经济合算的制造工艺，其生产效率要比手工铺叠效率高出10倍以上，定位精度要比手工定位精度高出2个量级以上，材料利用率至少增加50%。

在自动铺带的铺放过程中预浸带的行为分为两个独立的阶段。第一阶段是预浸带在外力作用下发生弯曲变形从而适应带曲率的模具曲面；第二阶段是预浸带依靠表面树脂贴合于模具或上一层预浸带，如图2-16所示。相邻铺层间（预浸带之间、预浸带与模具之间）的贴合能力必须适中。若铺层贴合能力过差，则铺放过程易产生铺层滑移、架桥等铺放问题，影响铺带产品的质量。但铺层贴合能力也不宜过强，以便铺层失误时能够顺利修改。铺带过程中，铺层贴合能力受诸多因素的影响（铺带机工艺参数、预浸带本体特性、外界环境等），导致相关问题较为复杂。

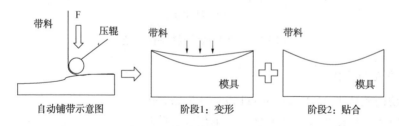

图2-16　自动铺带工艺示意图

根据预浸带在自动铺带头中传输、铺叠的不同实现形式，自动铺带主要可分为一步法铺带与两步法铺带。一步法铺带在铺放过程中完成预浸带的精密切割，即"边切边铺"。两步法铺带将预浸带切割与铺放分离，即"先切后铺"。一步法精度高、产品适应性好，是国际上自动铺带的主流工艺方法。据统计，目前投入使用的铺带机80%采用一步法。两步法效率较高，但投资巨大，适用于定型产品的大批量制造。目前，法国Forest-Line公司（已被美国Mag-Cincinnati公司收购）的此项技术最为成熟。

2）自动铺丝技术

自动铺丝技术又称纤维铺放技术或自动丝束铺放成型技术，在20世纪70～

80 年代由美国航空制造界提出，且在 1985 年研制出第一台原理样机。20 世纪 80 年代末期以后，如美国的 Cincinnati Milacron 公司和 Ingersoll 公司，西班牙 M-Torres 公司，法国 Forest-line 公司等大型数控设备制造商先后进入自动铺丝设备制造领域，分别形成了各自的自动铺丝设备制造体系(机械构造、数控系统和配套 CAD/CAM 软件)。

自动铺丝技术最早主要是用来攻克纤维缠绕问题，是在纤维缠绕技术和自动铺带技术的基础上发展起来的一种独特的全自动化成型工艺。自动铺丝技术将数根或数十根预浸纱(或窄带)从各自的卷轴上张力退绕，通过预浸纱输送系统输送到铺丝头，铺丝头按铺层设计要求生成铺放轨迹，将预浸纱集束加热软化后，在压实机构作用下铺放在模具表面或上一铺层。它融合了纤维缠绕的预浸纱(窄带)输运技术和自动铺带的压力铺叠，切断和重定位技术。

自动铺丝成型所用的预浸纱宽度较窄，一般预浸纱直接由纤维束浸渍而成，还有一种纱则由大量丝束共同浸胶形成预浸带，再按照规定宽度切割成窄丝束，又称切割窄带，所以自动铺丝又称窄带铺放技术。相对于自动铺带，自动铺丝技术是一种更"灵巧"的复合材料成型技术，有着更强的曲面适应能力，尤其适合铺放大曲率复杂制件，并且在铺放凸面与凹面的同时，还能做到变口铺层的开口与补强工作，缩减纤维角度误差，提高生产效率，产生废料少。

自动铺丝技术作为低成本高效率的复合材料自动化成型技术的代表，有以下几点优势：

(1)采用多组预浸纱，每根丝束具有单独增加和切断功能，可以根据构件形体表面形状的变化，随时切断丝束，需要时继续输送丝束，因而可完成复杂形体的构件的加工以及诸如窗户、门、舱口等复杂开启装置构件成型制造。

(2)采用压棍成型既可以实现任意曲面的成型又可以保证成型压力自动可控，且不受周期性约束，可以实现形体和各种铺层设计。

(3)完成对铺层进行剪裁以适应局部加厚、混杂等多方面的需要，获得不同壁厚的零件，以确保构件质量的最小化，使工艺设计与结构设计有相当大的自由度。

(4)由于每根独立的纱束可以以各自的速度被传送，故各丝束的输出长度与速度可变，铺放时不受自动铺带中自然路径轨迹限制，可以实现连续变角度铺放(Fiber Steer 技术)，可铺出复杂的双曲率结构，特别适合大曲率复杂构件成型。

# 2.2 金属基复合材料制备工艺

## 2.2.1 传统金属基复合材料制备工艺

常见的金属基复合材料制备方法多数是在传统工艺的基础上提出的，大致可以分为液相法和固相法两大类。液相法是指基体金属处于熔融状态下与固态增强材料复合在一起的方法，在一定的外界压力下，将金属液渗入预制体中的微小间隙形成复合材料。所适用的金属基体主要为较低熔点的材料，如镁、铝和锌合金等。金属在熔融状态时流动性好，在一定的外界压力下可以克服金属基体与预制体的浸润性差的弊端进入预制体的间隙中。液态成型工艺源于20世纪60年代，并在20世纪80年代末到90年代中期得到了空前发展，与固相法相比，液相法制造纤维增强金属基复合材料具有一次成型、质量稳定和成本低廉等优势，被认为是最具潜力和最成功的方法。常见的液相法包括挤压铸造法、真空压力浸渗法、原位反应渗透法、搅拌铸造法等。

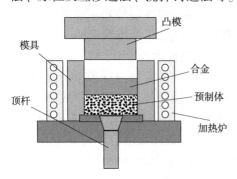

图 2-17 挤压铸造法示意图

1）挤压铸造法

挤压铸造法（Squeeze Casting）是目前制备金属基复合材料最为成熟的一种制备方法，其工艺原理如图 2-17 所示。挤压铸造法的制备过程是采用外加高压的方式将模具中的液态金属或合金在压力作用下强制压入纤维预制件中，并保持高压条件下凝固得到所需的复合材料。制备复合材料时，需要先将预制体放置在挤压模具中提前预热到一定温度，然后将熔炼好的金属合金浇注到挤压和浸渗的模具中去，待挤压浸渗完成以后，再利用模具底部的顶杆将复合材料由底端顶出，然后就可以准备下一次制备。

挤压铸造法具有工艺简单、生产成本低且生产效率高、缩孔和缩松缺陷少、致密化程度高等诸多优点。但是由于是在外力作用下浸渗，所以也存在预制体容易被压溃的风险。目前挤压铸造法已成为金属基复合材料制备中最广泛应用的制备方法之一，国内外不少的专家学者已经采用该工艺制备了多种长纤维、短纤维以及颗粒增强的金属基复合材料。

2）真空压力浸渗法

真空压力浸渗法（Vacuum Pressure Infiltration）是在真空和高压惰性气体共同作用下将液态金属或合金压入纤维预制件，制备出复合材料制件的方法，如图 2-18。真空压力浸渗法具有浸渗压力较低的优点，但是实现完全浸渗需要较高的真空度，对成型设备要求高，增加了制备成本。

真空压力浸渗法要求设备提供真空条件，可有效防止基体合金和碳纤维的高温氧化，适合于制备镁、铝等活性高的金属

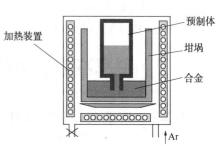

图 2-18 真空压力浸渗法

基复合材料。该工艺的缺点是气压浸渗压力较低，复合材料中细小的空隙很难完整填充；对成型设备要求极高，复合材料受真空设备大小的限制。现阶段受限于成型设备落后、制备周期长、生产成本高等诸多因素的影响，严重制约着该技术实现工业产业化的步伐。且该工艺在制备复合材料过程中，纤维增强体与液态合金的接触时间较长，对于在高温状态下容易发生有害界面反应的基体和增强体不适于采用该工艺来制备。

3）原位合成法

原位合成法（In-situ Synthesis）是一种最近发展起来的制备复合材料的新方法，工艺原理如图 2-19 所示。其基本原理是利用不同元素或化学物之间在一定条件下发生化学反应，而在金属基体内生成一种或几种陶瓷相颗粒，以达到改善单一金属合金性能的目的。

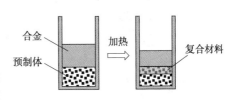

图 2-19　原位反应渗透法

通过这种方法制备的复合材料，增强体是在金属基体内形核、自发长大的，因此，增强体表面无污染，基体和增强体的相溶性良好，界面结合强度较高。同时该工艺省去了烦琐的增强体预处理工序，简化了制备工艺。但该方法制备复合材料时强化相种类较少，反应过程难以精确控制，当工艺参数控制不当时，很容易影响到材料组织性能。

4）搅拌铸造法

搅拌铸造法（Stir Casting）是制备金属基复合材料的一种典型工艺，如图 2-20 所示。通过机械搅拌或电磁搅拌等方式搅动金属熔体，使其剧烈流动，形成漩涡，使增强相充分弥散到熔体中，最终浇注成型。在搅拌的过程中容易将空气带入复合材料内部，因此需要做除气处理，否则制备的复合材料气孔较多。搅拌铸造法适合制备增强相体积分数较高的复合材料（可达 30%），但是在对微米或纳米尺度的增强体进行分散时难度较大，会存在分散增强体分布不均匀，易出现团聚的现象。采用搅拌铸造得到的复合材料有时需要进一步的挤压工序以降低其孔隙率、改善微观结构。

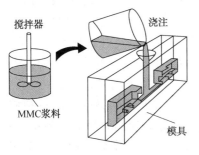

图 2-20　搅拌铸造法

5）其他固相制备方法

粉末冶金法和扩散连接法是两种最常见的固相制备复合材料方法，如图 2-21 所示。粉末冶金法是把均匀混合的增强体粉末与微细纯净的铝合金粉末进行机械混合以后，在模具中压制，然后在特定的气氛（或真空）合金两相区中进行加热烧结，使增强相与基体合金聚集成一体形成复合材料的方法。粉末冶金法的特点是工艺温度低、增强相分布较为均匀、节能、省材、性能优异、产品精度高且稳定性好。但利用该工艺一般制备的是短纤维或者颗粒增强的复合材料，对于连续纤维增强的复合材料一般不太适宜。

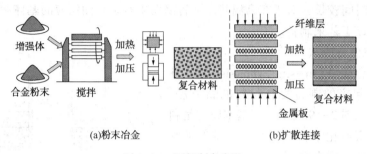

(a)粉末冶金　　　　　　　　　　　(b)扩散连接

图 2-21　固相制备方法

扩散黏结法制备复合材料时需要先把处理过的碳纤维制成中间原料，然后将中间原料同合金板按要求(纤维体积分数、纤维排布方向)堆叠起来，夹紧固定后置于真空烧结炉中抽真空，最后加热，利用热等静压成型复合材料。它利用金属的塑性变形及自身扩散的作用，可制得质量较好的纤维增强金属基复合材料，但也存在工艺过程复杂、生产成本高等不足。

## 2.2.2　真空吸渗挤压工艺

前文已经介绍了目前常见的金属基复合材料制备工艺，每种工艺都具有其特色与一定的适应范围，这些传统工艺在制备易氧化金属基复合材料(比如镁基复合材料)的过程中或多或少会遇到金属氧化、浸渗压力等问题。真空吸渗挤压工艺是西北工业大学齐乐华课题组提出的一种制备金属基复合材料的新工艺，工艺原理如图 2-22。其实质是使液态金属在真空环境下均匀渗入纤维预制体中，在压力下结晶凝固，同时利用金属高液相分数期间容易流动的特点，对其进行一定的致密化，由液态金属直接成型出复合材料及其构件。

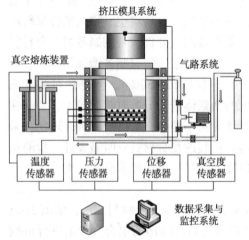

图 2-22　真空吸渗挤压工艺系统示意图

与真空压力浸渗、低压浸渗、无压浸渗等一样，真空吸渗挤压也是一种加压的浸渗工艺。从形式上真空吸渗挤压工艺兼具压力浸渗和挤压铸造的特点，但是相比传统的压力浸渗，充型平稳，便于液体平稳地充型、浸渗；而且可以实现压力下的补缩凝固，可减少复合材料内气孔、缩松等缺陷，力学性能也得到提高。作为一种金属基复合材料浸渗成型的新方法，真空吸渗挤压复合材料制备工艺具有周期短、生产成本低、制件质量高等特点。真空吸渗挤压工艺装置由真空熔炼装置、挤压模具系统、气路系统和数据采集与监控系统4个模块组成。

（1）真空熔炼装置：由坩埚、加热装置、温控装置组成，主要用于金属基体的真空熔炼。由于对于化学性质活泼的金属比如镁合金，在熔炼过程中易燃、易氧化，而且氧化生成的氧化物杂质会夹杂在熔炼的液态合金中，从而造成制备的复合材料性能不稳定。真空熔炼装置可以实现金属真空状态下熔炼，杜绝了上述现象的发生，有利于提高制备复合材料性能。

（2）挤压模具系统：主要用于金属基复合材料浸渗制备。在制备纤维增强金属基复合材料时，往往存在基体金属与增强纤维之间的润湿角大，无法自发浸润的难题。所以液态金属需要借助外力才能浸渗入纤维预制体中，而且为了得到性能优异的金属基复合材料，首先必须保证液态金属在预制体中浸渗充分、均匀，这是制备高性能金属基复合材料的基础。为了保证液态金属的流动性、减小浸渗压力，需要对挤压模具进行预热。模具预热不仅可以减小浸渗阻力而且可以保持液态金属的流动性。但是高温、高压的工作环境势必对模具材料提出了更高的要求。

（3）气路系统：主要用于抽真空与提供保护气体。气路系统是由真空泵、Ar气源、管路、仪表和阀门组成，通过管路连接真空熔炼装置与模具系统，通过真空泵为真空熔炼装置和模具系统抽真空去除制备系统中的氧气，防止液态金属和碳纤维在加热过程中出现氧化。由于Ar气属于惰性气体，即使高温环境中也不会与液态金属发生反应。因此，采用Ar气作为合金浇注的动力，通过调节Ar气源压力即可以实现液态合金浇注到挤压模具中。既可以避免氧气进入，防止氧化反应发生，还可以提供浸渗压力实现气压预浸渗。

（4）数据采集与监控系统：主要用于监测工艺参数变化。为了尽可能准确地监测挤压筒内部的温度变化，在挤压筒上钻盲孔直至距离挤压筒内壁5mm为止。将三支K型热电偶插入$\phi 3mm$的圆孔中，其高度分别对应于预制体上方的液态金属、预制体的1/2高度处和预制体底部处。并将中间热电偶采集的温度作为挤压温度，当该点温度达到设定挤压温度时，对液固挤压过程中的载荷和位移等模拟信号进行采集，数据采集软件记录下每一时刻对应的工艺参数，经标度转换后，在计算机屏幕上实时显示所采集到的参数。从而实现真空吸渗挤压工艺过程中温度、载荷和位移等重要成型参数的采集、存储和动态显示。

## 2.3 陶瓷基复合材料制备工艺

在陶瓷基复合材料的制备工艺主要有烧结法、化学气相沉积法、直接氧化沉积法等。由于陶瓷基复合材料的制备过程中都要经历高温，所以在选材或制备工艺上，必须要考虑高温带来的影响。首先必须考虑的问题是两个或两个以上的相之间在化学上的相容性及物理上的相容性。化学相容性是指在制造和使用温度下纤维与基体两者不发生化学反应及不引起性能退化。物理相容性是指两者的热膨胀和弹性匹配，通常希望使纤维的热膨胀系数和弹性模量高于基体，使基体制造的残余应力为压缩应力。除了通过热力学计算粗略估计，还必须通过实验来加以验证、确认或调整；其次需考虑相间物理上的匹配，即相间在热膨胀系数和弹性模量上的匹配。

### 2.3.1 烧结法

烧结法是将基体材料和增强纤维混合好后在高温作用下烧结成致密、坚硬的陶瓷基复合材料的制备工艺。根据基体材料与增强体材料混合方式的不同，又可以分为热压烧结法、浸渍烧结法和泥浆烧铸法。

1. 热压烧结法

热压烧结法又称粉末冶金法，将短切纤维、基体粉末黏合剂、助烧剂等材料通过球磨或超声等分散方法混合均匀，然后将混合均匀的粉末冷压成型，再通过高温(或烧结的同时施加一定压力)烧结成陶瓷基复合材料的方法，这种适用于短纤维增强陶瓷基复合材料制备。短纤维增强体在与基体粉末混合时取向是无序的，但在冷压成型及热压烧结的过程中，短纤维由于在基体压实与致密化过程中沿压力方向转动，所以导致了在最终制得的复合材料中，短纤维沿加压面择优取向，这也就产生了材料性能上一定程度的各向异性。这种方法纤维与基体之间的结合较好，是目前采用较多的方法。

2. 浸渍烧结法

浸渍烧结法的一种形式是把纤维编织成所需形状，然后放入陶瓷泥浆中浸渍，浸渍完成后取出干燥，最后进行烧结，如图 2-23 所示。这种方法的优点是纤维取向可自由调节，如前面所述的单向排布及多向排布等。缺点则是不能制造大尺寸的制品，而且所得制品的致密度较低。

浸渍烧结法的另一种形式是使纤维增强材料经过盛有料浆的容器，浸渍浆料后，再缠绕到卷筒上，经过烘干、切断制成已浸渍的无纬布，如图 2-24 所示。再将这种无纬布剪裁成一定规格的带、条或其他形式，放入模具内，合模加压、加热制成坯体，最后再经高温去胶和烧结制得复合材料。

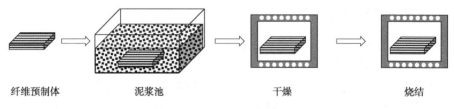

图 2-23　浸渍烧结法示意图一

纤维预制体　　泥浆池　　干燥　　烧结

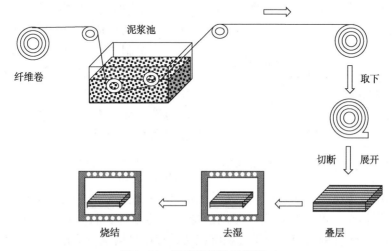

图 2-24　浸渍烧结法示意图二

泥浆池

纤维卷　　取下　　切断　　展开　　叠层　　去湿　　烧结

为了使浆料能够均匀地黏附于纤维表面，浆料中有时还加入某些促进剂和基体润湿剂。浆料中的陶瓷粉末粒径应小于纤维直径并能悬浮于载液中；纤维应选用容易分散的、捻数低的束丝，纤维表面要清洁。在浸渍稀浆的过程中，应尽可能避免纤维损伤，并要保证在工艺结束前完全去除复合材料中的载液、黏结剂和润湿剂、促进剂等残余的液体组分。

3. 泥浆烧铸法

在陶瓷浆体中加入短切纤维，通过机械搅拌或超声振动的方法，使纤维弥散分布于陶瓷浆体中，然后将弥散的浆体浇铸到模型中（这部分工艺过程可以参考图 2-20，搅拌铸造法示意图），经干燥、定型后烧结成陶瓷基复合材料的方法。这种方法比较古老，不受制品形状的限制，成本低，工艺简单，适合于短纤维增强陶瓷基复合材料的制作。但是对制备工艺要求严格，在浇铸、定型的过程中，如果陶瓷浆体的黏度、固化时间等变量控制不合理，弥散分布的纤维会沉降，从而使得复合材料的组织和性能出现不均质的缺陷。

## 2.3.2 化学气相沉积法

化学气相沉积法(Chemical Vapor Deposition，CVD)是将具有贯通间隙的纤维预制体架置入沉积炉中，通入沉积反应的源气。反应源气在沉积温度下热解或发生化学反应，生成所需的固体陶瓷基材料，并沉积在纤维预制体的孔隙中，使预制体逐渐致密而形成陶瓷基复合材料，其工艺原理如图2-25。在沉积的过程中源气主气流需要源源不断地流经纤维预制体的缝隙，借助扩散或对流等传质过程向预制体内部均匀渗透并在缝隙内壁附着。吸附在壁面上的反应气体发生表面化学反应生成陶瓷固体产物并放出气态副产物，气态副产物从壁面上解附，借助传质过程进入主气流由沉积炉内排出。在预制体的孔壁上沉积的固相基体随着过程的进行而不断增密，最终得到纤维增强陶瓷基复合材料。CVD法可用于制备 $C/C$、$C_f/BN$、$SiC_f/C$、$Si_3N_4/B_4C$ 等体系的复合材料。

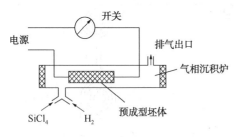

图 2-25 化学气相沉积工艺原理示意图

与热压法相比，化学气相沉积法的优点是：在制备过程中纤维受到的机械损伤和化学损伤小，可以制备组成可调的梯度功能复合材料。它的不足是：效率低，成本高，坯件的间隙在化学气相沉积法过程中易堵塞或形成闭孔，难以制成高致密度复合材料。

## 2.3.3 直接氧化沉积法

直接氧化沉积法(Direct Oxidation Deposition，DOD)适用熔融金属直接与氧化剂产生氧化反应来制备陶瓷基复合材料的方法，最早被用于制备 $Al_2O_3/Al$ 复合材料，后推广用于制备连续纤维增强氧化物陶瓷基复合材料。其工艺原理如图2-26所示。首先将纤维制成满足设计要求的预制体。然后将预制体置于含有添加剂的熔融金属上方，在浸渍过程中，熔融金属或其蒸汽与气相氧化剂发生反应便生成氧化物，产生的氧化物沉积在纤维周围，随时间的延长，边浸渍边氧化，最后形成含有少量残余金属的、致密的连续纤维增强陶瓷基复合材料。

直接氧化沉积法工艺优点是：对增强体几乎无损伤，所制得的陶瓷基复合

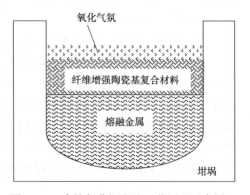

图 2-26 直接氧化沉积法工艺原理示意图

材料中纤维分布均匀;在制备过程中不存在收缩,因而复合材料制件的尺寸精确;工艺简单,生产效率较高,成本低,所制备的复合材料具有高比强度,良好韧性及耐高温等特性。

### 2.3.4 有机先驱体热解法

通过对高聚先驱体进行热解制备无机陶瓷的方法,称为先驱体热解法,又称先驱体转化法或树脂浸渍裂解法;它可用于形成陶瓷基体而制备颗粒和纤维(含纤维编织物)增强陶瓷基复合材料。应用高聚物先驱体热解方法制备纤维增强陶瓷基复合材料的工艺过程是:先将纤维编织成所需形状,然后浸渍高聚物先驱体,将浸有高聚物先驱体的工件在惰性气体保护下升温,使所浸含的高聚物先驱体发生裂解反应,所生成的固态产物存留于纤维编织物缝隙中,形成陶瓷基体。为提高热解产物密度,可反复浸渍—热解—再浸渍—再热解,如此反复循环直至达到要求的基体含量。先驱体热解法的优点是:成型性好、加工性好、可对产物结构进行设计等。先驱体转化法还可用于制备陶瓷纤维、陶瓷涂层和超细陶瓷粉末等。

有机先驱体转化法的工艺过程为:以纤维预制件为骨架,抽真空排除预制件中的空气,浸渍熔融的树脂先驱体或其溶液,在惰性气体保护下晾干,使先驱体交联固化,然后在惰性气体中进行高温裂解,重复浸渍(交联)裂解过程,使材料致密化。

也有人将化学气相渗透 CVD 工艺归属于先驱体转化法一类,不同点是它采用的有机先驱体是气态小分子有机物,如聚甲基硅烷、聚甲基乙烯基硅烷、聚钛碳硅烷、聚硼硅氮烷等。

# 2.4 碳/碳复合材料制备工艺

1958 年,科学工作者在偶然的实验中发现了碳/碳(C/C)复合材料,立刻引起了材料科学与工程研究人员的普遍重视。最早的 C/C 复合材料是由碳纤维织物二维增强的,采用增强塑料的模压技术,将二维织物与树脂制成层压体,然后将层压体进行热处理,使树脂转变成碳或石墨。

为了克服二维增强的 C/C 复合材料的缺点,科研人员研究开发了多维增强的 C/C 复合材料,多维增强的 C/C 复合材料的制备工艺与陶瓷基复合材料的制备工艺类似,如图 2-27 所示。首先是制备碳纤维预制体,然后在利用碳源物质在预制体的孔隙中填充碳基体,常用的碳源物质的碳含量及热解碳化收率如表 2-1所示。碳源物质是气态时,采用化学气相沉积法,生成的碳基体称为沉积碳;碳源物质是液态时,如沥青、合成树脂,通过压力使其渗入增预制体的孔隙，然后通过加温热解碳化；碳源物质是固态时，主要指碳/树脂复合材料，它的树脂基体是经过固化的，再通过加温热解碳化形成的 C/C 复合材料。

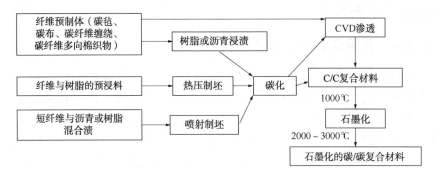

图 2-27　碳/碳复合材料的制备工艺过程

表 2-1　有机原料含碳量及热解碳化收率

| 原　　料 | | 含碳量/% | 碳收率/% |
|---|---|---|---|
| 树脂 | 聚苯并咪唑 | 96 | 73 |
| | 聚苯 | 92 | 71 |
| | 甲醛二苯 | 80 | 65 |
| | 糠醇 | 75 | 63 |
| | 酚醛 | 78 | 60 |
| | 环氧-甲阶酚醛 | 74 | 55 |
| | 聚酰亚胺 | 77 | 49 |
| 沥青 | 煤焦油沥青 | 75 | 60 |
| | 电极黏合剂 | 92 | 40 |
| | 植物性沥青 | 69 | 30 |
| | 石油沥青 | 88 | 21 |
| 人造沥青 | 三苄基苯 | 95 | 87 |
| | 异三苄基苯 | 95 | 70 |
| 树脂与沥青混合 | 酚醛(60%) 煤焦油沥青 | 78 | 75 |
| | 氧茂甲醛(60%) 煤焦油沥青 | — | 67 |
| | 环氧酚醛(60%) 煤焦油沥青 | — | 60 |

尽管 C/C 复合材料具有许多其他复合材料不具备的优异性能，但作为工程材料在最初的 10 年间的发展却比较缓慢，这主要是由于碳/碳的性能在很大程度

上取决于碳纤维的性能和碳基体的致密化程度。当时，各种类型的高性能碳纤维正处于研究与开发阶段，C/C 复合材料制备工艺也处于实验研究阶段，同时其高温氧化防护技术也未得到很好的解决。

在 20 世纪 60 年代中期到 70 年代末期，由于现代空间技术的发展，对空间运载火箭发动机喷管及喉衬材料的高温强度提出了更高要求，以及载人宇宙飞船开发等都对 C/C 复合材料技术的发展起到了有力的推动作用。由于 20 世纪 70 年代 C/C 复合材料研究开发工作的迅速发展，从而带动了 80 年代中期 C/C 复合材料在制备工艺、复合材料的结构设计，以及力学性能、热性能和抗氧化性能等方面基础理论及方法的研究，进一步促进和扩大了 C/C 复合材料在航空航天、军事以及民用领域的推广应用。尤其是预成型体的结构设计和多向编织加工技术日趋发展，复合材料的高温抗氧化性能已达 1700℃，复合材料的致密化工艺逐渐完善，并在快速致密化工艺方面取得了显著进展，为进一步提高复合材料的性能、降低成本和扩大应用领域奠定了基础。

### 2.4.1 致密化工艺

1. 化学气相沉积工艺

用化学气相沉积工艺制备 C/C 复合材料时，将纤维预制体置于沉积炉中，并向沉积炉中通入碳源气体(甲烷等烃类气体)，同时通入氢气、氩气等载体气体。在高温的作用下碳源气体发生分解，生成一些活性基团与预制体中的碳纤维表面接触进行沉碳。为了得到致密的 C/C 复合材料，必须使活性基团扩散到坯件的孔隙内，且应从坯件结构上避免瓶颈型孔隙，防止沉积过程中堵塞气体渗入的通道。C/C 复合材料的化学气相沉积有 4 种方法，即均热法、热梯度法、压差法和脉冲法。

根据制品的厚度、所要求的致密化程度与热解碳的结构来选择化学气相沉积工艺参数，主要参数有：源气种类、流量、沉积温度、压力和时间。沉积温度通常为 800~1500℃，沉积压力在几百 Pa 至 0.1MPa 之间。预制件的性质、气源和载气、温度和压力，都对基体的性能、过程的效率及均匀性产生影响。

化学气相沉积法的主要问题是沉积碳的阻塞作用形成了很多封闭的小孔隙，随后长成较大的孔隙，使 C/C 复合材料的密度较低，约为 $1.5g/cm^3$。将化学气相沉积法与液相浸渍法结合应用，可以基本上解决这个问题。

2. 浸渍热解工艺

浸渍热解工艺在惰性气体中使预制体下浸渍有机碳源物质(如沥青或合成树脂)。然后使浸入预制体内的有机碳源物质热解碳化(沥青热解碳化、固化后的合成树脂热解碳化)，形成碳基体。在碳化过程中有机碳源物质热解碳化后会发生质量损失和尺寸变化，同时在样品中留下空隙。因此，浸渍热解工艺需要循环重复多次，直到得到一定密度的复合材料为止。

### 2.4.2 石墨化

为了满足使用过程对 C/C 复合材料稳定性的要求，通过致密化工艺得到的全碳素的 C/C 复合材料还需要经过至少高于制品最高使用温度的热处理。根据使用要求常需要对致密化的 C/C 复合材料进行 2400～2800℃ 的高温热处理，使 N、H、O、K、Na、Ca 等杂质元素逸出，碳发生晶格结构的转变，这一过程称为石墨化。石墨化后不仅可以提高 C/C 复合材料的稳定性，还可以增加其抗热震能力，并改善其烧蚀性能。石墨化处理可以因 C/C 复合材料的增密要求而与浸渍热解工艺过程联合循环多次。经过石墨化处理，C/C 复合材料的强度和热膨胀系数均降低，热导率、热稳定性、抗氧化性以及纯度都有所提高。

石墨化程度的高低主要取决于石墨化温度。沥青碳容易石墨化，在 2600℃ 进行热处理无定形碳的结构就可转化为石墨结构。酚醛树脂碳化以后，往往形成玻璃碳，石墨化困难，要求较高的温度（2800℃ 以上）和极慢的升温速度。沉积碳的石墨化难易程度与其沉积条件和微观结构有关，低压沉积的粗糙层状结构的沉积碳容易石墨化，而光滑层状结构不易石墨化。

常用的石墨化炉有工业用电阻炉、真空碳管炉和中频炉。石墨化时，样品或埋在碳粒中与大气隔绝，或将炉内抽真空或通入氩气，以保护样品不被氧化。同时，石墨化处理使 C/C 制品的许多闭气孔变成通孔，开孔孔隙率显著增加，对进一步浸渍致密化十分有利。有时在最终石墨化之后，将 C/C 制品进行再次浸渍或化学气相沉积处理，以获得更高的材料密度。

### 2.4.3 抗氧化处理

虽然 C/C 复合材料的高温性能优越，但是在温度的作用下可与空气中的氧气、水、二氧化碳等均可发生化学反应。因此，必须对 C/C 复合材料进行抗氧化处理。

根据碳材料自身的特点，以及碳的氧化速度与气孔率有关这一特点，提高 C/C 复合材料自身的抗氧化性能一般可从两个方面着手，一是降低气孔率，减少活性表面积，以减少氧化；二是引入抗氧化物质，隔绝氧气或减少氧气与碳的接触，减少碳氧化的机会。

可在基体中浸渍氧化抑制剂，如硼酸盐、磷酸盐和卤化物等；也可在基质中复合添加耐火陶瓷颗粒，如 $B_2O_3$、B、SiC 和 $B_4C$ 等。如在坯体中加入石墨粉和 SiC、$Si_3N_4$、金属硼化物等添加剂，采用快速化学气相沉积法制备出高抗氧化 C/C 复合材料，其氧化起始点比浸渍热解工艺制备的 C/C 复合材料提高了约 300℃，比未加添加剂的材料提高了 214℃，在相同温度下的氧化失重率也较小，这是由于高温下金属硼化合物及形成的金属碳硼化合物与氧作用，生成具有自弥合功能的表面膜，提高了 C/C 复合材料的抗氧化能力。

实践证明，仅靠提高 C/C 复合材料自身的抗氧化性能，其效果是很有限的，一般只能在 1000℃ 以下，而且会因为基体中引入盐类或陶瓷颗粒使 C/C 的力学性能和热学性能下降。要真正解决 C/C 复合材料的高温氧化问题，则需要在碳/碳基材的表面施加抗氧化涂层，抗氧化涂层的作用如图 2-28 所示。

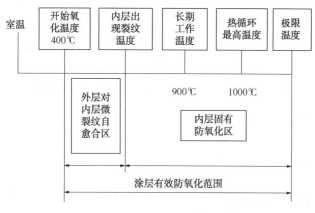

图 2-28　抗氧化涂层的作用

抗氧化保护层必须结构致密，以减小氧气向内部结构渗透的能力；不易蒸发，以防止涂层在高速气流和高温环境下过度损耗；相容性良好，即涂层与基体的热膨胀系数、润湿角以及化学稳定性等应该相匹配，以减少热震过程中的涂层裂纹或脱落；不能对基体的氧化反应有催化作用；不能影响 C/C 复合材料原有的优异性能；而且具有一定的抗氧化性。

目前研究的抗氧化涂层种类主要有玻璃涂层、陶瓷涂层、金属涂层以及复合涂层等。C/C 复合材料表面抗氧化涂层的研究，为其在高温氧化环境下的多次使用和保持良好的烧蚀气动外形提供了可能性。

## 2.5　常见的组织与性能表征

材料在服役过程中，从开始受载到材料断裂可以通过不同的方法来研究这一不可逆转的破坏过程：细观力学、损伤力学和宏观断裂力学。它们三者组成了从细观尺度到宏观尺度描述材料破坏过程的破坏理论科学。其中：

（1）细观力学：是直接研究材料的细观组元（即材料在光学或常规电子显微镜下可见的微细结构），利用多重尺度的力学介质来研究经过某种统计平均处理的细观特征，并需借助电子计算机巨大的运算能力和容量，才能模拟较复杂介质的力学行为。

（2）损伤力学：不分别考虑某个微细缺陷，如位错、微孔洞、微裂纹等的影响，而是通过引入"损伤变量"来描述分别于整个材料介质内部的微细缺陷损伤，研究的重点是材料内部损伤的产生和发展引起的受损材料的宏观力学行为的变化。

（3）宏观断裂力学：重点研究材料内部形成宏观裂纹或孔洞(约1mm量级以上)直到材料破坏这一段过程，而不考虑裂纹的起始和扩展的机制。

虽然各研究方法的侧重面不一样，但是它们之间是互为补充的，都是研究材料不可逆转破坏过程的重要工具，图2-29表示了这三者之间的联系和区别。

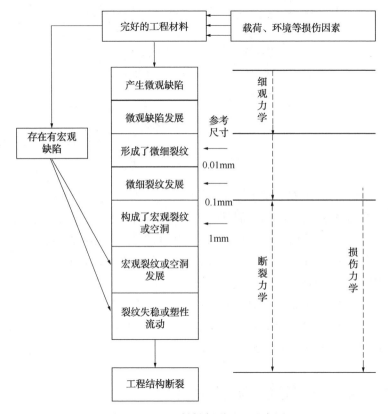

图 2-29  工程材料断裂过程示意图

损伤的检测方法分为直接法和间接法。直接法指通过微观组织照片观察和统计材料在不同的变形阶段内部产生的孔洞体积分数或增强相断裂数量变化，进而表征损伤演化。间接法是指通过测量不同的变形阶段的力学响应，进而间接地表征损伤演化过程。直接法虽然得到的结果具有明确的物理意义，但是与材料的宏观力学行为联系较为困难。间接法是以材料的宏观力学性能测试为基础，借助性能检测分析材料的性能变化，所得的结果本身就是一种宏观力学量，更便于工程实际的应用。采用损伤力学中常用的"间接测试"的损伤检测方法，通过测试材料的力学性能(如刚度、强度、残余应变等)的变化来描述损伤的状态和损伤的发展。

### 2.5.1 微观组织

纤维增强复合材料的微观组织是由基体、纤维和界面组成的微观结构。由于各相的微观尺度达到微米甚至纳米级，因此，需要借助仪器设备才能观察到其微观结构。目前常用微观组织观察仪器有光学显微镜、扫描电子显微镜(SEM)、透射电子显微镜(TEM)等。

#### 1. 光学显微镜

自光学显微镜16世纪末发明以来，使我们对微观世界有了更深刻的科学认识。光学显微镜由目镜、物镜和光源组成，如图2-30。物镜的焦距很短，作用是得到样品放大的实像；目镜的焦距长，作用是将物镜成形的实像转变为样品放大的虚像。光学显微镜可将物体放大至1000倍(物镜100倍，目镜10倍)。目前光学显微镜也已进入了数字时代，在利用目镜观察的同时也可以利用电荷耦合器件(CCD)和数码相机来捕捉图像。

利用光学显微镜观察复合材料的微观组织时，样品经切割或经切割镶嵌后得到的金相试样，再经过磨制和抛光，得到磨面平整光滑，没有磨痕和变形层的金相试样，用适当的化学或物理方法对试样抛光面进行浸蚀的过程称为制样。浸蚀的作用是使试样表面有选择地溶解掉某些部分而使组织细节显露出来并产生适当的反差，例如晶粒与晶界、不同取向的晶粒、不同的相、成分不均匀的相(偏析)等。光线照射到试样表面时，在沟槽处发生强烈的散射，人眼在显微镜中观察到的晶界将是色调深的黑色条纹；光线照射到平坦的晶粒上时，因各晶粒反射光线的强度大致相同，故都呈均匀的白色，这样就可以得到微观组织的显微照片。

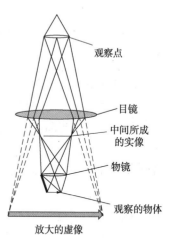

图2-30　光学显微镜

#### 2. 扫描电子显微镜

扫描电子显微镜(SEM)的实物照片和结构示意图如图2-31所示，其分辨率介于光学显微镜和透射电子显微镜之间，它能够直接观察直径100mm，高50mm或更大尺寸的试样，对试样的形状没有任何限制，粗糙表面也能观察，这便免除了制备样品的麻烦，而且能真实观察试样本身物质成分不同的衬度(背反射电子像)。

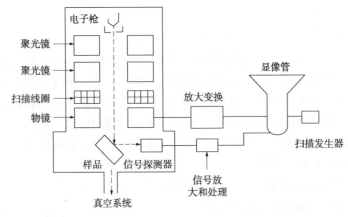

图 2-31　扫描电子显微镜结构示意图与实物照片

样品在电子束的轰击下会产生如图 2-32 所示的各种信号。二次电子、背散射电子和透射电子的信号都可采用闪烁计数器来进行检测。信号电子进入闪烁体后即引起电离，当离子和自由电子复合后就产生可见光。可见光信号通过光导管送入光电倍增器，光信号放大，即又转化成电流信号输出，电流信号经视频放大器放大后就成为调制信号。如前所述，由于镜筒中的电子束和显像管中电子束是同步扫描的，而荧光屏上，每一点的亮度是根据样品上被激发出来的信号强度来调制的，因此样品上各点的状态各不相同，所以接收到的信号也不相同，于是就可以在显像管上看到一幅反映样品各点状态的扫描电子显微图像。

SEM 的成像原理类似电视摄影显像的方式，利用细聚焦电子束在样品表面扫描时激发出来的各种物理信号来调制成像的。新式 SEM 的二次电子像的分辨率已达到 1nm 以下，放大倍数可从数倍原位放大到 20 万倍左右。由于 SEM 的景

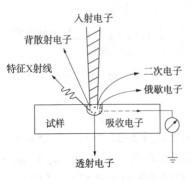

图 2-32　电子束与固体样品作用时产生的信号

深远比光学显微镜大，可以用它进行显微断口分析。用 SEM 观察断口时，样品可直接进行观察，这给分析带来极大的方便。因此，目前显微断口的分析工作大都是用 SEM 来完成的。

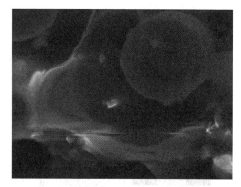

图 2-33　复合材料导电性差造成的图像畸变、衬度和亮度异常（×10000）

但是当试样不导电试样或者导电性差时，例如无机非金属材料、有机材料、矿物及生物材料等，由于缺少足够的对地导电途径，当试样受电子束轰击时其表面发生电荷积累的现象，从而导致图像质量差(图像畸变、衬度和亮度异常)，如图 2-33 所示。

SEM 能得到高的分辨率和最真实的形貌。由于电子枪的效率不断提高，使扫 SEM 的样品室附近的空间增大，可以装入更多的探测器；并且随着样品室的增大可以让试样在三度空间内有 6 个自由度运动(即三度空间平移、三度空间旋转)；且可动范围大，这对观察不规则形状试样的各个区域带来极大的方便，从高倍到低倍的连续观察放大倍数的可变范围很宽，且不用经常对焦。SEM 的放大倍数范围很宽(从 5 到 20 万倍连续可调)，并且一次聚焦好后即可从高倍到低倍、从低倍到高倍连续观察，不用重新聚焦。因此，目前的 SEM 不只是分析形貌像，它还可以和其他分析仪器组合，使人们能在同一台仪器上进行形貌、微区成分和晶体结构等多种微观组织结构信息的同位分析。

3. 透射电子显微镜

透射电子显微镜(TEM)是一种高分辨率、高放大倍数的显微镜，是材料科学研究的重要手段，能提供极微细材料的组织结构、晶体结构和化学成分等方面的信息。TEM 的分辨率为 $0.1 \sim 0.2nm$，放大倍数为几万到几十万倍。由于电子易散射或被物体吸收，故穿透力低，必须制备更薄的超薄切片(通常为 $50 \sim 100nm$)。其制备过程与石蜡切片相似，但要求极严格。一般可采用线切割为 $0.20 \sim 0.30mm$，然后机械研磨到 $100\mu m$，再经化学抛光，最后可用离子束减薄到合适厚度。

TEM 是由电子光学系统、电源与控制系统及真空系统三部分组成。电子光学系统通常称镜筒，是透射电子显微镜的核心，它的光路原理与透射光学显微镜十分相似，如图 2-34 所示。它分为三部分，即照明系统、成像系统和观察记录。

透射电镜的成像原理是：由照明部分提供的有一定孔径角和强度的电子束平行地投影到处于物镜物平面处的样品上，通过样品和物镜的电子束在物镜后焦面上形成衍射振幅极大值，即第一幅衍射谱。这些衍射束在物镜的象平面上相互干涉形成第一幅反映试样为微区特征的电子图像。通过聚焦(调节物镜激磁电流)，

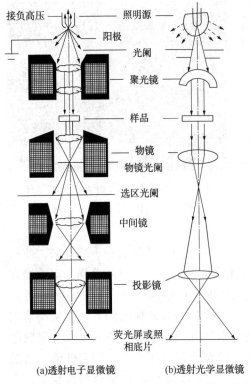

(a)透射电子显微镜　　(b)透射光学显微镜

图 2-34　透射显微镜构造原理和光路

使物镜的像平面与中间镜的物平面相一致，中间镜的像平面与投影镜的物平面相一致，投影镜的像平面与荧光屏相一致，这样在荧光屏上就观察到一幅经物镜、中间镜和投影镜放大后有一定衬度和放大倍数的电子图像。由于试样各微区的厚度、原子序数、晶体结构或晶体取向不同，通过试样和物镜的电子束强度产生差异，因而在荧光屏上显现出由暗亮差别所反映出的试样微区特征的显微电子图像。

TEM 增加附件后，其功能可以从原来的样品内部组织形貌观察(TEM)、原位的电子衍射分析(Diff)，发展到还可以进行原位的成分分析(能谱仪 EDS、特征能量损失谱 EELS)、表面形貌观察(二次电子像 SED、背散射电子像 BED)和扫描透射像(STEM)。结合样品台设计成高温台、低温台和拉伸台，透射电子显微镜还可以在加热状态、低温冷却状态和拉伸状态下观察样品动态的组织结构、成分的变化，使得透射电子显微镜的功能进一步拓宽。

### 2.5.2　能量色散 X 射线光谱仪分析

在现代的扫描电子显微镜和透射电子显微镜中，能量色散 X 射线光谱仪( Energy Dispersive X - Ray Spectroscopy, EDS)是一个重要的附件，如图 2-35 所示，它同主机( SEM 或 TEM )共用一套光学系统，可对材料中感兴趣部位的化学成分进行点分析、面分析、线分析。当电子束轰击样品时，在作用体积内激发出特征 X 射线，各种元素具有各自的 X 射线特征波长。特征波长的大小则取决于能级跃迁过程中释放出的特征能量 $\Delta E$。能谱仪就是利用不同元素发射的 X

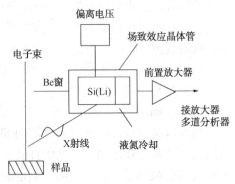

图 2-35　锂漂移硅能谱仪原理方框图

射线光子特征能量不同这一特点来进行成分分析的。

在进行 EDS 分析时 X 射线管产生的 X 射线辐射在待测样品表面，使待测样品的内层电子被逐出，产生空穴，整个原子体系处于不稳定的激发态。而外层电子会自发地以辐射跃迁的方式回到内层填补空穴，产生特征 X 射线，其能量与入射辐射无关，是两能级之间的能量差。当特征 X 射线光子进入硅渗锂探测器后便将硅原子电离，产生若干电子-空穴对，其数量与光子的能量成正比。利用偏压收集这些电子空穴对，经过一系列转换器以后变成电压脉冲供给多脉冲高度分析器，并计数能谱中每个能带的脉冲数。简单地说，EDS 是借助于分析试样发出的元素特征 X 射线波长和强度实现的，根据波长测定试样所含的元素，根据强度测定元素的相对含量。

但是不导电试样或者导电性差的试样，例如无机非金属材料、有机材料、矿物及生物材料等，在常规 SEM/EDS 分析条件下会产生荷电现象（电荷积累）：由于缺少足够的对地导电途径，当试样受电子束轰击时其表面发生电荷积累的现象。荷电现象使有效加速电压降低，SEM/EDS 设定的加速电压在定量分析校正时，用于计算 X 射线激发体积、基体校正等，加速电压不正确影响定量修正结果，会使 EDS 结果不准确。

我们在对碳纤维增强树脂基复合材料断口处纤维与树脂结合面打 EDS 点时，出现了树脂瞬间融化褶皱的现象（图 2-36），导致分析失败，尝试过几次均以失败告终。其原因可能是在 EDS 分析中电子束轰击试样时，只有 0.5% 左右的能量转变成 X 射线，其余能量大部分转换成热能，热能使试样轰击点温度升高，对于导热性差的材料，温差甚至可以达到接近 1500K。在 EDS 电子束轰击时如此高的温差，会使轰击点处的材料发生相变分解，造成元素比例与实际不符。

图 2-36  EDS 电子束轰击造成
树脂基体融化

## 2.5.3  性能测试

### 1. 拉伸测试

拉伸测试一般在万能实验机上进行，通过记录拉伸过程中的力-位移数据计算得到材料的各项拉伸性能，比如屈服强度、抗拉强度、断后伸长率等。国标《GB/T 1447—2005 纤维增强塑料拉伸性能试验方法》和《HB 7616—1998 纤维增强金属基复合材料层板拉伸性能试验方法》分别规定纤维增强树脂基复合材料和纤维增强金属基复合材料的拉伸试验方法。

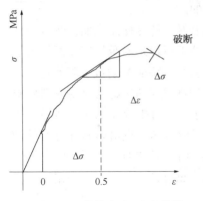

图 2-37 拉伸应力-应变曲线

在一般的金属材料拉伸性能测试中，有物理屈服的材料测试上、下屈服强度；无物理屈服现象的材料测试规定非比例延伸强度，或规定总延伸强度。但是大多数的纤维增强复合材料均表现出近似脆性材料的拉伸行为，即没有明显的屈服过程。但是对于部分界面结合较弱的纤维增强复合材料，由于纤维存在逐渐断裂和拔出的过程，复合材料拉伸过程中也会表现出一定的假塑性特征。如图 2-37 所示。

（1）拉伸应力（拉伸屈服应力、拉伸断裂应力或拉伸强度）按式（2-1）计算：

$$\sigma_t = \frac{F}{b \cdot d} \qquad (2-1)$$

式中　$\sigma_t$——拉伸应力（拉伸屈服应力、拉伸断裂应力或拉伸强度），MPa；

　　　$F$——屈服载荷、破坏载荷或最大载荷，N；

　　　$b$——试样宽度，mm；

　　　$d$——试样厚度，mm。

（2）试样断裂伸长率按式（2-2）计算：

$$\varepsilon_t = \frac{\Delta L_b}{L_0} \times 100 \qquad (2-2)$$

式中　$\varepsilon_t$——试样断裂伸长率，%；

　　　$\Delta L_b$——试样拉伸断裂时标距 $L_0$ 内的伸长量，mm；

　　　$L_0$——测量的标距，mm。

（3）拉伸弹性模量采用分级加载时按式（2-3）计算：

$$E_t = \frac{L_0 \cdot \Delta F}{b \cdot d \cdot \Delta L} \qquad (2-3)$$

式中　$E_t$——拉伸弹性模量，MPa；

　　　$\Delta F$——载荷-变形曲线上初始直线段的载荷增量，N；

　　　$\Delta L$——与载荷增量 $\Delta F$ 对应的标距 $L_0$ 内的变形增量，mm。

2. 热膨胀测试

热膨胀仪是在一定的程序控温和负载力接近于零的情况下，测量样品的尺寸随温度或时间变化的仪器。复合材料热膨胀性能的测试是在热膨胀仪上进行，参比试样直径为 6mm，高度为 10mm 的 $Al_2O_3$ 圆柱标样。测试温度范围为 35~400℃，升温速率为 5℃/min。在测试过程中氩气流量为 250mL/min，以保证温度均匀和防止试样氧化。材料的线膨胀系数计算方法如公式（2-4）所示：

$$\alpha = \frac{L^* - L_0}{(t^* - t_0) L_0}$$ （2-4）

式中  $L^*$ ——温度升高到 $t^*$ 时试样的长度，mm；

  $L_0$ ——试样在初始温度 $t_0$ 时的长度，mm；此处 $t_0 = 30℃$，$t^* > t_0$。

3. 弯曲测试

弯曲测试通常在万能实验机上进行，通过记录弯曲过程中的力-位移数据计算得到材料的各项弯曲性能，比如弯曲强度、弯曲模量等。国标《GB/T 1449—2005 纤维增强塑料弯曲性能试验方法》和《HB 7617—1998 纤维增强金属基复合材料层板弯曲性能试验方法》分别规定纤维增强树脂基复合材料和纤维增强金属基复合材料的弯曲试验方法，复合材料弯曲性能测试过程如图 2-38 所示。

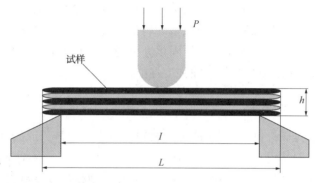

图 2-38  三点弯曲试验方法示意图

弯曲强度按式（2-5）计算：

$$\sigma_f = \frac{3PL}{2wh^2}$$ （2-5）

式中  $\sigma_f$ ——复合材料弯曲强度，MPa；

  $P$ ——试样承受的载荷，N；

  $L$ ——试样跨距，mm；

  $w$ ——试样宽度，mm；

  $h$ ——试样厚度，mm。

采用分级加载时，弯曲模量按式（2-6）计算：

$$E_f = \frac{L^3 \Delta P}{4wh^3 \Delta S}$$ （2-6）

式中  $E_f$ ——弯曲弹性模量，MPa；

  $\Delta P$ ——载荷-挠度曲线上初始直线段的载荷增量，N；

  $\Delta S$ ——与载荷增量 $\Delta P$ 对应的跨距中点处的挠度增量，mm；

  $w$ ——试样宽度，mm；

  $h$ ——试样厚度，mm。

# 第3章 碳纤维/环氧树脂复合材料压力浸渗制备及其浸渗规律

## 3.1 制备方法对复合材料的影响

前面章节已列举了纤维增强树脂基复合材料常见的手糊成型、模压成型、树脂传递模塑成型、缠绕成型、拉挤成型等制备方法。上述方法从制备原理上大致可以分为自然固化、加热固化、模压固化等类型，本节将重点探究这三种制备方法对碳纤维/环氧树脂复合材料弯曲强度性能影响。

### 3.1.1 自然固化法

自然固化法是碳纤维/环氧树脂复合材料制备方法中最为原始和基础的一种，该方法通常将材料按设计需求铺层叠放，在室温自然状态下完成固化，整个制备过程简单不需要复杂设备，但该方法制备时间长、制备的复合材料中存在着较多浸渗空隙，弯曲断口中存在着较多的裂纹，而浸渗空隙和断口中的裂纹主要是由复合材料制备过程中的低温和无压浸渗引起的。

自然固化法制备碳纤维/环氧树脂复合材料的过程为将叠放整齐的碳纤维涂覆固化溶液铺层放置在室温下静置，待树脂完全固化后形成复合材料，固化时间一般需要 40~50h。通过对自然固化法制备的 2D-T700/E44 复合材料的微观浸渗组织和弯曲断口形貌进行观察，图 3-1(a)所示为复合材料浸渗微观组织图，从中可以发现有较多的微观浸渗孔隙存在，孔隙的存在使得复合材料的连续性变差，在复合材料受载时，会在这些区域首先发生破坏，进一步扩展为裂纹，最终导致材料承载能力的下降。图 3-1(b)所示为复合材料弯曲断口形貌图，从中可以发现，材料弯曲断口中存在有较多的裂纹，且裂纹的尺寸较大。裂纹的存在使复合材料的弯曲性能降低，通过三点弯曲试验对试样的弯曲强度值进行测试，结果仅为 295MPa。

复合材料制备过程中孔隙的产生与制备方法及其参数控制密切相关，采用自然固化法制备复合材料时，由于自然环境下，固化温度较低，固化混合溶液的黏度大，流动性差，充填和浸渗纤维间隙的能力较差，且该制备方法仅靠固化混合溶液的自发流动填充纤维间隙，这些都导致了复合材料中容易形成较多的孔隙缺陷，采用自然固化方法制备碳纤维/环氧树脂复合材料还有较大的改进提升空间。

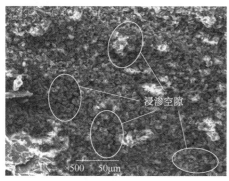

(a)浸渗微观组织　　　　　　　　　　(b)弯曲断口形貌

图 3-1　自然固化法制备 2D-T700/E44 复合材料浸渗微观组织与断口形貌

## 3.1.2　加热固化法

加热固化法是在自然固化方法的基础上，通过增加加热装置使复合材料在较高温度下进行固化成型的一种制备方法。通过温度的适当提升能有效改善固化混合溶液的黏度和流动性，同时固化速度也得到快速提高。树脂流动性增强时，其充填纤维空隙的能力不断增强，制备 2D-T700/E44 复合材料的浸渗效果得到不断改善。

加热固化法制备碳纤维/环氧树脂复合材料的过程是将叠放整齐的碳纤维铺层放置在恒温干燥箱里，以一定的温度加热使复合材料快速固化，固化温度为 120~130℃，固化时间为 2~2.5h。采用加热固化法制备的 2D-T700/E44 复合材料的微观浸渗组织和弯曲断口形貌如图 3-2 所示，图 3-2(a)为复合材料浸渗微观组织，从中可知浸渗孔隙已经明显减少，孔隙的减少使复合材料中纤维与树脂结合的紧密程度显著提高，这样复合材料在受到弯曲载荷时，裂纹的出现和扩展速度会大大降低，使复合材料的弯曲强度得到提高，因此测试得到采用加热固化法制备的 2D-T700/E44 复合材料的弯曲强度达到了 405MPa。图 3-2(b)为复合材料的弯曲断口形貌，复合材料的断面中大部分区域树脂与纤维的结合状态良好，分布较为理想，这也是 2D-T700/E44 复合材料弯曲强度得到较大提升的原因。但在复合材料的断口中，仍有较多的断口裂纹存在，裂纹的存在，使复合材料在受载时会较快地发生破坏，限制了复合材料弯曲性能的进一步提升。

通过上述分析可知，相比于自然固化法，采用加热固化法制备复合材料时，由于固化温度的升高，树脂的流动性增强，复合材料的浸渗效果会得到改善。但是由于树脂在浸渗过程中会存在黏滞阻力、空气阻力等不利因素，仅靠树脂的自发流动还是无法完全充填和浸渗到碳纤维的间隙中去。因而，加热固化法虽然已经改善了复合材料的整体浸渗效果，但还不够理想，有待进一步改进。

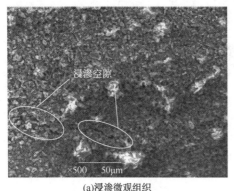
(a)浸渗微观组织

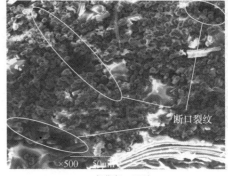
(b)弯曲断口形貌

图3-2　加热固化法制备 2D-T700/E44 复合材料浸渗微观组织与断口形貌

### 3.1.3　热压固化法

传统模压成型的制备工艺过程为：碳纤维剪裁、浸渍-模具安装和预热，将初步浸渍的碳纤维放入模具，加热和加压固化后脱模。其制备的复合材料微观组织良好，性能较好，但高温模压时容易造成纤维铺层的分层和移位等缺陷，且黏稠的树脂流动性很强，容易黏附在模具上，使得取件困难。

热压固化法是在传统模压固化法基础上进行改进，先把涂覆过树脂的碳纤维叠层放在恒温干燥箱内进行初步固化，使树脂能够在高温时先自发地充填纤维间隙并开始浸渗，同时先在复合材料的表面固化并形成硬质层，此时复合材料的大部分区域已经能得到浸渗。对于一些浸渗不充分区域，再转移到热压模具中，热压加载、浸渗和固化，此时的热压载荷使树脂能够进一步克服浸渗过程中的黏滞、凝固和空气阻力等，改善复合材料的浸渗效果，减少浸渗空隙等缺陷的出现。其具体制备过程为：先把碳纤维叠层放置在室温条件下自然固化 6~8h，然后转移至恒温干燥箱内控制温度在 100~120℃ 条件下加热固化 100~120min；从恒温干燥箱内取出碳纤维叠层，放入经过预热的热压模具内，在 40~60℃ 下，施加压力 7.5~10MPa，保压 20~30min；停止加热和加压，待模具恢复到室温后，取出制备件即得到制备的 2D-T700/E44 复合材料。通过上述改进，就能够有效地减少纤维铺层分层和移位等缺陷的出现，防止树脂黏附在模具上，取件容易，有利于理想组织性能 2D-T700/E44 复合材料的制备。

采用热压固化法制备的 2D-T700/E44 复合材料的微观浸渗组织和弯曲断口形貌如图 3-3 所示。由图 3-3(a)可观察到复合材料的浸渗组织较为理想，受到弯曲载荷时，裂纹的出现和扩展速度会大大降低，从而复合材料不易发生破坏和失效，复合材料的弯曲性能会得到大幅度的提升。由图 3-3(b)可观察到复合材料弯曲断口中几乎发现不了裂纹，且断口参差不齐，部分碳纤维受载时被拉断，部分碳纤维被拔出，在断口中形成了碳纤维的拔出空穴。此时，复合材料具有较强的承载能力，弯曲强度达 730MPa。与自然固化法和加热固化法制备的复合材料相比，材料的微观性能及宏观表现得到显著提升。

(a)浸渗微观组织  (b)弯曲断口形貌

图 3-3　热压固化法制备 2D-T700/E44 复合材料浸渗微观组织与断口形貌

采用自然固化、加热固化和热压固化法制备的 2D-T700/E44 复合材料如图 3-4所示。可见三种复合材料的宏观形貌都较为理想，碳纤维铺层之间结合紧密，纤维分布状态良好，没有明显的纤维翘曲、分层和空隙等缺陷。但材料的弯曲强度值分别为 295MPa、405MPa 和 750MPa。与自然固化法和加热固化法相比，采用热压固化法制备复合材料的弯曲强度分别是另外两种方法的 1.542 倍和 0.852 倍。采用加热固化法制备的复合材料的浸渗组织中也有少量空隙，弯曲断口中也出现了裂纹，但是缺陷与前两种制备方法相比有了明显的改善。这主要是由于加热固化过程中高温环境增强了树脂的流动性和浸渗能力，进而改善了复合材料的浸渗组织和弯曲性能。采用热压固化法制备复合材料时，复合材料在高温和高压下浸渗成型，其空隙和裂纹缺陷得到较好的控制，因此材料最终性能表现最佳。

(a)自然固化法  (b)加热固化法  (c)热压固化法

图 3-4　不同制备方法制备的 2D-T700/E44 复合材料

由上述分析可知，自然固化和加热固化工艺过程相对简单，且加热固化已经提高了树脂的浸渗温度和其浸渗能力，改善了浸渗效果，但仅靠树脂自发流动和充填很难克服浸渗过程中的黏滞阻力、凝固阻力和空气阻力等不利因素，所制备的复合材料的浸渗宏观和微观组织中有较多的空隙存在。热压固化法制备 2D-T700/E44 复合材料时，不仅能保证树脂在浸渗过程中具有较好的流动性，且施加了用于克服浸渗阻力等不利因素的机械压力，使复合材料的浸渗效果明显改善，复合材料的浸渗组织中很少能发现浸渗空隙，这就降低了复合材料在受载时空隙扩展为裂纹的可能性，热压固化法较为适宜制备 2D-T700/E44 复合材料。

## 3.2 制备缺陷对复合材料的影响

在制备碳纤维/环氧树脂复合材料过程中，制备方法及工艺参数控制不当时，会出现树脂浸渗不充分、层间结合力弱、纤维移位翘曲、孔洞和复合材料脆性断裂等几类典型的制备缺陷形式，这些不同缺陷类型对于复合材料的微观组织及宏观性能表现有着显著影响，本节将重点分析介绍不同制备缺陷产生的原因及其对 2D-T700/E44 复合材料浸渗微观组织及弯曲强度的影响。

### 3.2.1 浸渗不充分

当固化温度和压力不合适时，容易出现树脂浸渗不充分现象，如图 3-5(a) 所示；碳纤维束与束之间存在着明显间隙，通过扫描电镜对复合材料的微观浸渗组织做进一步的观察分析，如图 3-5(b) 所示，纤维束内呈现暗黑色，基体树脂呈现的是灰白色，在纤维束内很少能看到树脂的存在。由于树脂浸渗的充分性和均匀性较差，使得碳纤维不能有效地发挥增强作用，树脂基体不能充分发挥传递

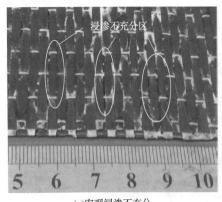
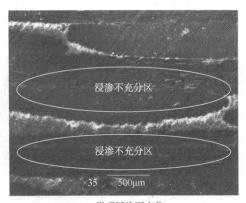

(a)宏观浸渗不充分                    (b)微观浸渗不充分

图 3-5　2D-T700/E44 复合材料浸渗不充分缺陷

载荷的作用，从而影响到复合材料的性能。对该复合材料进行弯曲性能测试，得到其弯曲强度为315MPa，这比树脂基体有了显著的提升，但是还不理想。应该通过适当提高无压固化温度和热压固化温度，以及增大热压固化压力等措施来改进复合材料的浸渗效果。

### 3.2.2 层间结合力弱

当碳纤维铺层之间的固化混合溶液配比或者固化温度压力等工艺参数不当时，会导致铺层之间的层间结合力弱，这样材料在受载时会因为分层而性能降低图 3-6(a)层间结合力较弱的 2D-T700/E44 复合材料宏观形貌图，从图中可以看出材料存在明显分层，当复合材料在万能试验机上开展三点弯曲试验时，层间结合力最弱的位置首先会被破坏，层间出现裂纹，并逐步开始扩展，最终形成一条狭长的裂缝。图 3-6(b)为复合材料浸渗微观组织图，可知由于分层的存在，纤维和树脂基体间的连续性变差，基体无法有效传递载荷，从而影响到复合材料的力学性能，对该复合材料进行弯曲性能测试，其弯曲降低仅有 220MPa，力学性能不理想。可通过改善树脂和固化剂的质量配比、提高固化温度、增加固化压力等工艺措施避免 2D-T700/E44 复合材料层间结合力弱的缺陷。

 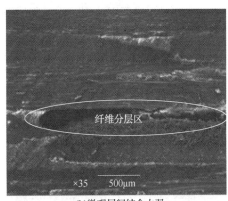

(a)宏观层间结合力弱　　　　　　　　(b)微观层间结合力弱

图 3-6　2D-T700/E44 复合材料层间结合力弱缺陷

### 3.2.3 纤维移位翘曲

采用热压固化法制备 2D-T700/E44 复合材料时，当固化温度和固化时间控制不当时，会发生纤维移位或翘曲现象，使得同层碳纤维的分布不在一个平面上（图 3-7）（干燥箱内无压固化温度为 140℃，干燥箱内无压固化时间为 140min），且在复合材料固化过程中，弯曲的碳纤维已经受到了应力作用，局部会产生损伤，使得碳纤维布的承载能力受损和下降，这样复合材料再受到弯曲载荷时，很

图 3-7　2D-T700/E44 复合材料
的移位翘曲缺陷

容易发生断裂和破坏，从而导致复合材料的弯曲性能下降。通过对存在纤维翘曲缺陷的复合材料进行弯曲性能测试，得到其弯曲强度为 260MPa，力学性能很不理想。可通过降低无压固化温度和无压固化时间来避免该类缺陷的产生。

### 3.2.4　孔洞

当采用热压固化法制备 2D-T700/E44 复合材料时，热压固化压力、热压固化温度和热压固化时间控制不当时，就会在复合材料中形成孔洞缺陷，孔洞主要是由未及时排除的气体集聚而产生，在载荷作用下，导致形状大小不规则。气体的排出受混合溶液流动性影响，即受温度影响。温度太低，混合溶液流动性较差，气体排出速度缓慢且效果较差，使得气泡产生；温度太高，气体还未排出，混合溶液已经固化，进而产生间隙孔洞。图 3-8 为采用该工艺制备的含有孔洞缺陷的 2D-T700/E44 复合材料（热压固化压力为 6.5MPa，热压固化温度为 40℃，热压固化时间为 15min）；由图 3-8(a) 可知，试件的宏观截面上有明显的微孔，有大有小、形状不规则且分布不均；由图 3-8(b) 可知，在微观结构下，复合板材内部有明显的类似气泡的间隙，形状封闭，在试样内部形成空腔。孔洞的产生表明复合材料内部不够密实，即孔隙率较大。孔隙率的大小与复合材料的弯曲性能有直接关系，孔隙率越大，材料的弯曲性能越差。对该复合材料进行弯曲强度测试，其弯曲强度为 315MPa，具有孔洞的复合材料试件的弯曲性能比较差。可通过工艺参数控制和改进，减少孔洞类缺陷的产生。

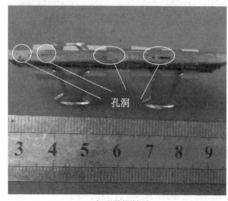

(a)宏观孔洞缺陷

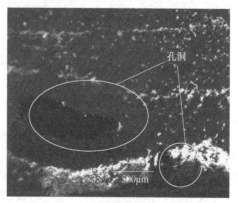

(b)微观孔洞缺陷

图 3-8　2D-T700/E44 复合材料的孔洞缺陷

### 3.2.5 脆性断裂

当固化温度偏高且时间较短时，固化混合溶液快速固化，从而形成脆性复合材料，材料在受载时容易发生脆性断裂，导致其弯曲性能较低。图3-9为脆性断裂的 2D-T700/E44 复合材料断口形貌(干燥箱内无压固化温度为130℃，干燥箱内无压固化时间为80min，热压机内热压固化温度为60℃，热压机内热压固化时间为15min)；由图3-9(a)可知断口较为平齐，只有少量纤维拔出；由图3-9(b)的微观断口形貌可知，弯曲试样的断裂面比较平整。经过弯曲强度测试，发现脆性断裂试样的弯曲强度只有245MPa，性能不够理想，在工艺试验中可通过控制实验环境在较低固化温度和较长固化时间下，使复合材料均匀固化，避免因温度高而形成复合材料脆性断口缺陷的产生。

(a)脆性断裂宏观形貌　　　　　　　(b)脆性断裂微观断口

图3-9　2D-T700/E44复合材料的脆性断裂

通过上述分析可知，当热压固化法制备 2D-T700/E44 复合材料的参数不合理时，容易出现树脂浸渗不充分、层间结合力弱、纤维移位翘曲、孔洞和复合材料脆性断裂等缺陷，这会影响到复合材料的浸渗组织、弯曲性能和断口形貌等，最终影响理想组织复合材料的制备。

在碳纤维/环氧树脂复合材料制备过程中，涉及固化混合溶液的配制、固化混合溶液的涂抹、自然固化、干燥箱内无压加热固化和热压机内加热加压固化等工艺过程，也涉及固化混合溶液的配比、自然固化时间、无压固化温度和时间、加热加压固化温度和时间等多个工艺参数，并且这些参数之间还存在耦合作用关系，控制不当就很容易出现本节中所列举的各类制备缺陷问题，因而在该类复合材料制备过程中，制备工艺方法及工艺参数应加以重点考虑得到合理控制。

# 3.3 真空压力浸渗法制备复合材料

前述小节介绍了碳纤维/环氧树脂复合材料的制备方法及常见缺陷形式，针对目前该类复合材料在制备方法方面存在的浸渗效果差、树脂填充纤维压力不足、制备方法灵活性和适应性差以及制备过程无法实时控制等问题。本节结合现有复合材料制备方法优势，在传统热压固化法的基础上，提出并介绍一种新的制备方法即真空压力浸渗法制备碳纤维/环氧树脂复合材料。

## 3.3.1 真空压力浸渗系统构建

真空压力浸渗系统主要包括纤维预成型装置、真空浸渗固化装置、热压成型模具和数据采集控制系统等。真空压力浸渗法核心为真空加热浸渗和热压固化成型两个工艺过程。其中真空浸渗固化装置具有加热和抽真空的功能，较高的温度可以提高树脂的流动性，真空负压可以增强浸渗效果，有效减少复合材料在浸渗过程中产生的气泡、孔洞等缺陷。真空浸渗过程结束后，复合材料外表面形成一层硬壳，但材料内部仍处于未完全固化状态，此时将复合材料转移到热压固化成型装置上进行最后的加热压实固化，同时也可以有效解决在模压过程中容易出现材料黏附在模具上的问题。

1. 试验系统总体设计

针对复合材料制备过程中容易出现树脂在纤维中浸渗不充分、树脂与纤维结合不紧密、容易生成气泡、孔隙等制备缺陷以及制备过程中无法很好地对工艺过程进行实时监控反馈等问题，提出真空浸渍热压成型工艺。该工艺的基本原理是在真空加热环境下，初步实现树脂在碳纤维预制体中浸渗和材料表面固化，然后，进行加热加压消除预制体内部未浸渗缺陷，从而使材料充分的浸渗和固化，最终获得组织致密的复合材料。

复合材料性能取决于材料的浸渗组织，而浸渗组织主要受到固化时间、浸渗温度、真空度、挤压力等多个工艺参数影响。因此，在工艺系统总体设计时应该注意满足以下要求：首先，在真空加热浸渗和加热挤压成型两个工艺过程中应保持温度一致；其次，在实验过程中对于影响材料浸渗组织的多个工艺参数可以实时采集并加以调控；最后，在实验系统设计时还应综合考虑设备成本、能耗、环境适应性等多个因素。基于上述构想，设计真空浸渗热压成型实验系统，系统总体结构示意图如图3-10所示。

2. 试验系统关键部分设计

真空压力浸渗系统主要包括纤维预成型装置、真空加热浸渗装置、热压固化成型装置和数据采集控制系统等。其中纤维预成型装置主要包括纤维裁剪装置、

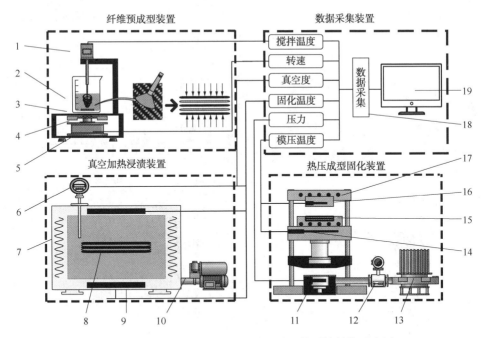

图 3-10　真空浸渍热压成型工艺试验系统总体结构示意图

1—温度测量仪；2—固化混合溶液；3—磁性转子；4—磁力驱动装置；5—电机；6—真空度测量仪；

7—发热棒；8—复合材料；9—温度传感器；10—真空泵；11—压力传感器；12—电磁阀；

13—液压缸；14—热电偶；15—凹模；16—凸模；17—加热电阻丝；18—数据采集仪；19—工作控制机

磁力搅拌仪、超声清洗器等溶液配制装置，可以实现纤维的裁剪、混合溶液的均匀配制及依据需要进行不同方式的纤维层铺放，最终完成碳纤维预制体的制备过程。真空加热浸渗装置主要包括加热干燥箱、真空泵等，通过在较高温度下增强树脂在纤维中的流动性并加以真空负压可以有效减少纤维预制体内部空气，初步实现固化混合溶液在碳纤维中的浸渗。热压固化成型装置主要包括液压机、加热电阻丝、凹凸模等，在挤压力和较高温度作用下实现复合材料的最终完全浸渗和固化。数据采集控制系统主要包括数据采集仪、压力传感器、热电偶、温度控制箱等，可以实时监测和控制复合材料制备过程中各个关键工艺参数值的变化情况。四个模块装置合理分布，共同配合发挥作用，最终组成完整的真空压力浸渗系统。

1）纤维预成型装置

由于碳纤维表面呈化学惰性，缺少具有活性的官能团，当直接使用未处理的碳纤维制备复合材料时，纤维与基体无法紧密结合，容易产生界面开裂、脱胶等缺陷，严重限制了最终制备的复合材料的力学性能。因而，在制备碳纤维复合材料时，需要对纤维进行预浸渍。纤维预成型装置主要可以开展碳纤维和玻璃纤维等的实验前预处理、纤维预制体的内部设计与制备、最终制备出纤维预制体的前期处理工艺等，其工艺流程示意图如图 3-11 所示。

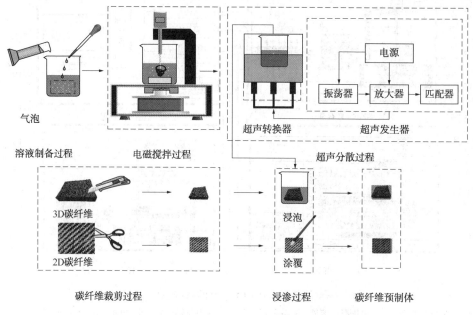

图 3-11　碳纤维预成型工艺流程示意图

其中涉及的主要装置有磁力搅拌器、超声分散仪等，通过磁力搅拌器下端电磁转子的转动使烧杯中磁性转子进行旋转，进而使烧杯内部的固化混合溶液进行充分均匀的搅拌，有效减少溶液内部气泡。将搅拌后的混合溶液放入超声分散仪中，通过超声波在液体中的空化作用，实现颗粒物如石墨烯、碳纳米管等纳米级粒子在混合溶液中的分散，有效解决了颗粒物在固化混合溶液中容易产生团聚的现象，使纳米粒子均匀地分散在混合溶液中，同时通过超声波的作用，可以使溶液内部的气泡破裂，进一步增强溶液成分的均匀性。实验中，装置可提供的参数范围为：磁力搅拌器的转速范围为 0～1500r/min，超声分散仪的工作频率为36～44kHz。

2）真空加热浸渗装置

在初步制备好碳纤维预制体之后，预制体内部溶液仍处于湿润状态。主要是因为浸渗过程在自然环境下进行，材料内部的温度较低，基体溶液黏度较大，毛细管内外压差较小，因而纤维与溶液之间并未充分完全地浸渗，仍存在有较多的气泡、孔洞等缺陷。当材料承载时，这些制备缺陷很容易扩展为裂纹，最终导致材料断裂失效，大大限制了材料的性能。

为了进一步改善浸渗效果，在制备纤维预制体之后，通过设计真空加热浸渗装置来提供基体溶液浸渗增强体纤维所需的真空度和温度，可以有效改善复合材料浸渗效果。在浸渗过程中，如图3-12(a)所示，初始状态时，纤维预制体内部气泡随机分布在纤维之间，当真空浸渗固化装置开始工作时，如图3-12(b)所示，预制体内部与外部之间形成负压，在负压作用下预制体内部的气泡逐步向两侧扩散。同时较高的温度可以提高固化混合溶液在纤维中的流动性，从而实现基体溶液在纤维预制体内部较为充分地浸渗。如图3-12(c)所示，最终材料内部的气泡、孔洞等缺陷得到有效控制，降低了材料内部裂纹扩展的可能性，从而大大提高材料的综合性能。真空浸渗固化装置主要包括电热干燥箱、真空泵、参数显示仪等，试验时，使用其制备复合材料，装置可提供温度范围为25～300℃，真空度为-0.1～0MPa。

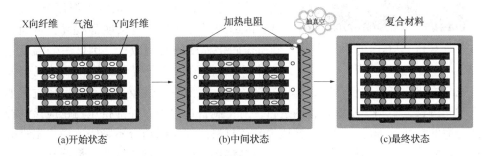

(a)开始状态      (b)中间状态      (c)最终状态

图3-12 真空浸渍固化装置原理过程示意图

3）热压固化成型装置

当复合材料在真空浸渗固化装置中进行真空加热固化之后，材料内部的气泡、孔洞等缺陷得到了明显改善。但是在真空无外部挤压力下发生浸渗时，溶液会优先从纤维叠层交叉形成的空隙中流过，而平行纤维层间流动的基体溶液较少。当材料完成最终固化时，平行的纤维层间易出现分层、翘曲等制备缺陷，严重影响了材料最终的弯曲承载性能。当在材料的外部施加一定的挤压力并保持，在此条件下实现复合材料的最终固化，可以使纤维层间结合更加紧密，大大提高材料的致密性。同时材料外部的挤压力可以增大溶液在浸渗过程中毛细管内外的压差，使基体溶液能够有效克服浸渗过程中的黏滞阻力、纤维端部阻力等浸渗阻力，进一步增强和改善溶液在纤维中的浸渗效果，最终实现基体溶液在纤维增强体中的充分浸渗。

基于上述分析，所设计装置首先需要提供满足要求的挤压力。当模具向复合材料施加挤压力时，由于模具与材料热不匹配问题易导致材料固化残余应变沿着材料厚度方向呈梯度分布，最终引起材料的翘曲变形。因此，装置还应具有辅助加热功能。依据上述工作需求，设计热压固化成型装置，其基本原理如图3-13所示，凸模始终固定在上端，由液压缸提供系统动力，推动装置下端的凹模向上运动；当完成复合材料的挤压之后，借助凹模自身重力及装置外围四根弹簧的回

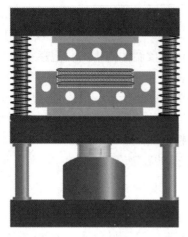

图 3-13 热压固化成型装置
结构示意图

复力使凹模恢复初始工作位置；在凹凸模的两侧设有加热孔和热电偶检测孔来实现模具的加热、保温及温度监测。在确定热压固化成型装置参数时需综合考虑所制备试样的尺寸范围、凹凸模的设计及模具材料选择、液压机的选用、加热电阻的放置及热电偶的布局等多个因素。

4）数据采集控制系统

在制备复合材料的过程中，温度、时间、压力和真空度等重要工艺参数对材料最终的性能起着决定性作用。当固化浸渗温度升高时，材料内部的浸渗固化速度会明显提高，从而达到所需固化程度的时间减少。因此，当温度过高时，基体溶液未充分浸渗纤维预制体已经发生完全固化。当温度较低时，基体黏度较大，溶液流动性较差，浸渗反应过程所需时间过长，不利于浸渗过程的进行。对于制备过程中，外部挤压力也应该选择在合适的参数范围内，过低的挤压力易使材料内部层间结合不紧密，最终出现分层、翘曲等缺陷。当挤压力过大时，容易将部分已固化材料压溃，最终导致材料的失效。真空度决定了材料内部浸渗过程中毛细压差，进而影响材料内部气泡、孔洞等缺陷的消除及浸渗效果的改善。因此在制备过程中需要对温度、时间、材料、压力和真空度等关键工艺参数进行实时采集控制，进而确保复合材料在合理的工艺参数下制备和成型。基于上述分析，设计数据采集控制系统，其采集控制原理如图 3-14 所示。

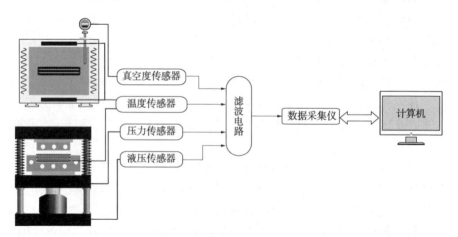

图 3-14　真空压力浸渗法参数采集和控制系统结构原理示意图

真空压力浸渗法数据采集控制系统主要包括压力传感控制器、温度采集控制器、真空度数显仪、十通道数据采集仪等。在制备复合材料时，通过真空浸渗固化装置上的真空度传感器和温度传感器以及热压固化装置上的温度、压力、液压传感器，将制备过程中的温度、真空度、压力等参数实时通过滤波电路进行转换，再经由数据采集仪采集将相关参数呈现并最终传输至计算机，通过计算机对制备过程中的主要工艺参数的变化进行实时监测，当参数出现异常时以便及时调整故障参数，为制备理想组织性能的复合材料提供保障。

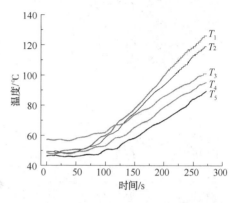

图 3-15　装置工作过程中典型的温度采集曲线

制备过程中所采集的五组典型温度参数变化曲线如图 3-15 所示，为了使模具表面温度得到准确采集，在凹凸模的上下表面内部设置了 10 个不同位置及深度的热电偶检测孔，将模具的温度变化进行实时采集，保证模具温度与材料表面温度一致，消除材料热不匹配性在制备过程中带来的不利影响。

3. 真空压力浸渗系统实物构建

上述内容详细分析了真空压力浸渗法实验系统的设计思路及结构原理。在合理工艺参数控制下，纤维预成型装置、真空加热浸渗装置、热压固化成型装置和数据采集控制系统四个模块相互配合，共同作用，从而制备出综合性能优异的复合材料。依据机理分析及设计原理，构建真空压力浸渗系统的实物。图 3-16(a)所示为纤维预处理模块，主要装置有超声清洗器及磁力搅拌器，可以实现固化混合容易地制备。图 3-16(b)所示为真空加热浸渗干燥箱，可以实现材料在真空加热环境下的浸渗；图 3-16(c)所示为热压固化模具及温控装置，可以实现复合材料的加热挤压；图 3-16(d)所示为数据采集控制模块，主要装置有十通道数据采集仪，它可以将制备过程中涉及的温度、压力、真空度等多个工艺参数进行实时的采集，从而为制备复合材料过程进行实时的反馈。

## 3.3.2　真空压力浸渗制备复合材料流程

1. 试验材料

试验所采用的基体为西安树脂厂生产的 E-44 环氧树脂，增强体为日本东丽公司生产的 T700 碳纤维，所用的固化剂为江苏三木集团有限公司生产的 593 固化剂。

(a)超声清洗与磁力搅拌器

(b)真空加热浸渗箱

(c)热压成型与温度控制装置

(d)数据采集控制装置

图 3-16　真空压力浸渗系统主要仪器设备图

2. 制备过程

采用所设计的真空压力浸渗系统制备 CFRP 复合材料，其中主要包括碳纤维的裁剪及预处理、固化混合溶液的配制与预浸渗、复合材料自然固化、真空浸渗固化和热压固化等过程，具体的操作流程：①将 T700 碳纤维布裁剪为 60mm×60mm 正方形块，将环氧树脂和固化剂按照 5∶1 的质量比配成固化混合溶液，放入磁力搅拌器中搅拌均匀静置待用；②将配制好的固化混合溶液均匀地涂抹在裁剪好的碳纤维布两面，然后将其进行依次叠放铺层，相邻纤维层间转角为 90°，施加一定压力进行预压实；③将制备好的碳纤维叠层在室温条件下固化 4h，然后转移至真空加热浸渗装置内，真空度为-0.1MPa，固化时间为 20min，温度为 80℃；④将碳纤维叠层取出，放入热压固化成型装置内，挤压力为 0.7MPa，保压时间为 3min，温度为 50℃；⑤停止加热和加压，待模具恢复至室温后，取出制备完成的 2D-CFRP 复合材料。采用真空压力浸渗法制备 2D-CFRP 复合材料的工艺参数见表 3-1，工艺流程如图 3-17 所示。

表 3-1　真空压力浸渗系统制备 2D-CFRP 复合材料工艺参数

| 固化混合溶液配比/质量比 | 自然固化时间/h | 无压加热固化温度/℃ | 无压加热固化时间/min | 热压固化温度/℃ | 浸渗压力/MPa | 热压固化时间/min |
|---|---|---|---|---|---|---|
| 5:1 | 4 | 80 | 20 | 50 | 0.7 | 3 |

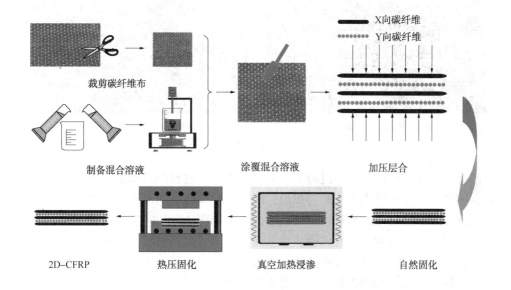

图 3-17　真空压力浸渗制备 2D-CFRP 工艺流程

### 3.3.3　制备验证实验结果及分析

采用真空压力浸渗法成功制备出碳纤维增强树脂基复合材料，使用 JEOLJSM-6390A 型扫描电子显微镜观察复合材料的浸渗微观组织和弯曲断口形貌，采用长春机械科学研究院 DNS100 型电子万能试验机测试复合材料的三点弯曲强度，具体测试方法按照《纤维增强塑料弯曲性能试验方法》（GB/T 1449—2005），其中所用试样尺寸为 50mm×15mm×2mm，加载压头半径 $R$ 为 5mm，试验加载速度为 10mm/min，跨距取 40mm。

通过对所得复合材料的浸渗微观组织观察发现，如图 3-18（a）所示，白色部分为树脂、黑色部分为碳纤维，纤维相邻层呈 90° 分布，复合材料的浸渗微观组织良好，层间结合紧密。基体均匀分布在碳纤维间，两者紧密结合，无明显的孔洞、孔隙等制备缺陷。当进一步增大放大倍数至 200 倍时，如图 3-18（b）所示，复合材料的浸渗微观组织依然良好，树脂与碳纤维紧密结合，二者结合处没有出现由于相容性差产生的微裂纹。当复合材料承载时，碳纤维可以很好地发挥增强作用，树脂基体可以很好传递应力的作用。因而复合材料的最大弯曲性能大大提高，经过测试得到复合材料的弯曲强度为790MPa。

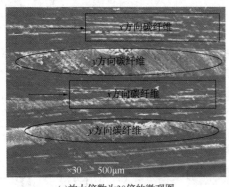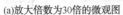

(a)放大倍数为30倍的微观图　　　　　　(b)放大倍数为200倍的微观图

图3-18　2D-CFRP复合材料浸渗微观组织图

如图3-19(a)所示，通过对制备的CFRP复合材料断口形貌观察可知，复合材料的断口中存在纤维的拉断与拔出，断口处的碳纤维间浸渗有树脂，说明材料的浸渗微观组织良好，当进一步提高放大倍数如图3-19(b)所示，观察可以发现碳纤维束内与束间均涂覆有树脂，也从侧面反映了材料的浸渗效果确实得到了很大改善。进而说明真空压力浸渗法可以很好地应用于碳纤维复合材料的制备，该工艺的提出丰富了CFRP复合材料制备工艺体系，对于CFRP复合材料更好的推广及实际化应用提供了经验。

(a)放大倍数为100倍的微观图　　　　　　(b)放大倍数为500倍的微观图

图3-19　2D-CFRP复合材料弯曲断口形貌图

通过对参数进行合理控制，利用真空压力浸渗制备的碳纤维复合材料的浸渗微观组织及弯曲断口形貌进行观察分析发现，材料内部的浸渗微观组织良好，树脂均匀分布在碳纤维束间，无明显的孔洞、孔隙、分层、翘曲等制备缺陷，树脂基体与碳纤维紧密结合。观察复合材料的弯曲断口形貌可以发现，断口主要为碳纤维的拉断与拔出，断口处有较多树脂均匀分布，说明在承载时碳纤维与树脂均有效地发挥作用。

# 3.4 复合材料浸渗规律

浸渗过程作为真空压力浸渗制备 CFRP 复合材料的重要步骤之一，制备性能优异的 CFRP 复合材料，就必须保证环氧树脂基体在碳纤维预制体中能够充分且均匀地浸渗，否则碳纤维束与束之间就会出现孔隙或局部未浸渗现象，碳纤维不能有效地发挥增强作用，这将大大降低所制备 CFRP 复合材料的性能。实验研究表明，环氧树脂基体在碳纤维预制体中的浸渗效果，其中一部分取决于浸渗过程中浸渗压力的大小，浸渗压力偏小，环氧树脂基体在碳纤维预制体中浸渗不充分、不均匀；浸渗压力偏大，复合材料则容易产生裂纹等缺陷。因此研究浸渗压力对真空压力浸渗制备 CFRP 复合材料组织性能的影响规律，对改善复合材料制品各项性能、改进制备工艺和降低成本等具有重要意义。

## 3.4.1 树脂在 2D 碳纤维中的临界浸渗压力计算

本节采用理论与实验相结合的方法，通过建立浸渗力学行为模型，在浸渗的过程中从静力学和动力学等多个方面进行分析，得到环氧树脂基体在 2D 碳纤维预制体中浸渗静力学和动力学模型值分别为 0.115MPa 和 0.478MPa。在此基础上，实验研究了浸渗压力在 0.5MPa 至 0.9MPa 范围内对浸渗效果和复合材料性能的影响，最终获得环氧树脂基体在 2D 碳纤维预制体中的理论与实验临界浸渗压力，为制备具有理想组织性能的 CFRP 复合材料打下基础。

1. 浸渗压力静力学分析计算

从静力学分析环氧树脂基体浸渗 2D 碳纤维预制体时，可将 2D 碳纤维预制体视为多孔介质，基体在 2D 碳纤维预制体中毛细作用产生的压差决定了浸渗能否自发进行，毛细作用产生的压差示意图如图 3-20 所示，该值可以由 Yong-Kelvin 方程来确定，见式（3-1）。

$$p_C = \frac{2\gamma_{1v}\cos\theta}{r} \qquad (3-1)$$

式中　$p_C$——毛管压力，MPa；

　　　$\gamma_{1v}$——液体的表面张力，N/m；

　　　$\theta$——液体与碳纤维的润湿角，(°)；

　　　$r$——毛细半径，μm。

由 Yong-Kelvin 方程可知，当 $\theta < 90°$

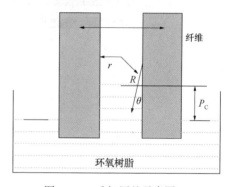

图 3-20　毛细压差示意图

时，$P_c>0$，液体能够浸润固体(图1-14)，浸渗可以自发进行；当$\theta>90°$时，$P_c<0$，液体不能润湿固体，浸渗不能自发进行(图1-14)，此时需施加外部压力来克服毛细压力浸渗才能进行。

对于需施加外压的体系，浸渗开始进行所需施加的最小外压，称为临界浸渗压力$P_{th}$，其主要形式体现为毛细压力$P_v$。由于环氧树脂基体与2D碳纤维预制体间的润湿角<90°，故浸渗可自发进行；但由于反应速率慢，浸渗容易出现不充分、不均匀现象，故仍需施加外部压力辅助进行。此时临界浸渗压力$P_{th}$的计算公式可用式(3-2)表示。

$$p_{th}=p_v-\frac{2\gamma_{1v}\cos\theta}{r}-\rho gh_0 \qquad (3-2)$$

式中　$p_{th}$——临界浸渗压力，N；

　　　$p_v$——浸渗前沿纤维预制体内的气体压力，该实验中浸渗在真空条件下进行，所以$P_v=0$；

　　　$\gamma_{1v}$——基体溶液的表面张力，N/m；

　　　$\theta$——基体溶液与增强体之间的润湿角，(°)；

　　　$r$——毛细半径，μm；

　　　$\rho$——液体的密度，g/cm³；

　　　$h_0$——液体的高度，mm；

通常$\rho gh_0$值很小，可以忽略不计。

T300碳纤维布是以平面叠层铺放，符合纤维做平面分布的近似计算模型，如图3-21所示，计算毛细压力时所用的等效半径应按照式(3-3)计算：

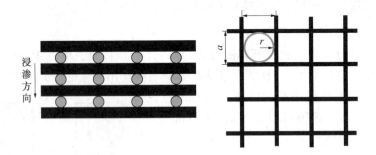

图3-21　纤维分布模型

$$\begin{cases} a=\dfrac{\pi d_f}{4V_f} \\[2mm] r\approx\dfrac{a-d_f}{2}=\dfrac{\pi-4V_f}{8V_f}d_f \end{cases} \qquad (3-3)$$

实验时，纤维体积分数为 65%，环氧树脂基体与碳纤维的润湿角 $\theta = 12°$，纤维毛细半径由式（3-3）计算可得 $r = 0.73\mu m$；表面张力 $\gamma_{1v} = 0.043N/m$；纤维平均直径 $d_f = 7\mu m$，将上述参数代入式（3-2）可得由静力学计算的临界浸渗压力约为 0.115MPa。

2. 浸渗压力动力学分析计算

环氧树脂基体向纤维预制体中的浸渗过程如图 3-22 所示。在浸渗的过程中，环氧树脂基体所受浸渗阻力随浸渗的不断深入而逐步增大。为更贴切地描述在实际情况下环氧树脂基体在 2D 碳纤维预制体中浸渗情况，从动力学角度深入分析基体在动态流动和浸渗时所受阻力情况，同时为降低影响因素保证实验的严谨性，特作如下假设：①在浸渗前 2D 碳纤维预制体和热压模具均已完成预热，忽略浸渗过程中热传导带来的影响，并假定在浸渗过程中环氧树脂基体恒温；②环氧树脂基体在毛细管中稳流，忽略前沿端部阻力带来的影响；③2D 碳纤维预制体内部真空，忽略气体对环氧树脂基体的反压力。

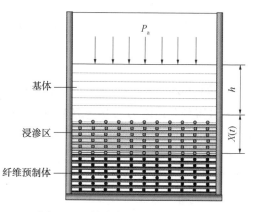

图 3-22　树脂向纤维预制体中浸渗过程简图

环氧树脂基体在向 2D 碳纤维预制体浸渗的过程中，主要受到毛细压力、黏滞阻力以及空气阻力的影响。本实验中浸渗过程在真空环境下进行，因此无须考虑空气阻力的影响。对于纤维分布均匀的预制体，毛细压力 $p_c$ 可用式（3-4）计算：

$$p_c = \frac{4V_f \sigma_{1g} \cos\theta}{d_f(1-V_f)} \tag{3-4}$$

式中　$p_c$——毛细压力，MPa；

　　　$V_f$——纤维体积分数，%；

　　　$\sigma_{1g}$——液体表面张力，N/m；

　　　$\theta$——润湿角，（°）；

　　　$d_f$——纤维直径，mm。

将相关参数代入式（3-4），计算可得基体在浸渗过程中产生的毛细压力约为 0.04MPa。

液态基体在 2D 碳纤维预制体中以层流形式流动时，会受到黏滞阻力的影响，由黏滞阻力产生的压力降可由式（3-5）计算：

$$\Delta p = \frac{\mu(1-V_f)h^2}{2Kt} \tag{3-5}$$

式中　$\Delta p$——压力降，MPa；

　　　$\mu$——动力黏度，环氧树脂基体的动力黏度 $\mu$ 为 0.562Pa·s；

　　　$V_f$——纤维体积分数，%；

　　　$h$——浸渗高度，mm(取2mm)；

　　　$K$——渗透系数，$m^2$；

　　　$t$——浸渗时间，s(之前已假设浸渗时间较短，取40s)。

渗透系数 $K$ 可由 Blake-Kozeny 方程计算获得，式(3-6)：

$$K = \frac{d_f^2(1-V_f)^3}{150\,V_f} \tag{3-6}$$

将 $V_f$ 与 $d_f$ 代入式(3-6)，计算可得渗透系数 $K$ 为 $1.9\times10^{-14}\,m^2$。将 $K$ 代入式(3-5)得到黏滞阻力为 0.5176MPa。浸渗进行所需外加载荷为式(3-7)：

$$p = -\frac{4V_f\sigma_{lg}\cos\theta}{d_f(1-V_f)} + \frac{\mu(1-V_f)h^2}{2Kt} \tag{3-7}$$

将前面的计算结果代入该式，得到由动力学分析制备 2D-CFRP 复合材料所需的外加临界浸渗压力为 0.478MPa。

### 3.4.2　真空压力浸渗 2D-CFRP 复合材料制备实验

采用真空浸渍热压复合成型工艺制备 2D-T300/E44 复合材料时，针对热压浸渍这个流程，在理论推导结果的基础上依次改变浸渗时所施加的浸渗压力，观察不同浸渗压力下环氧树脂基体在 2D 碳纤维预制体中的浸渗情况，并测得不同浸渗压力下所制得的 2D-CFRP 复合材料的弯曲强度，分析得出不同浸渗压力对环氧树脂基体浸渗 2D 碳纤维预制体有一定影响。浸渗压力偏低会出现浸渗不充分、不均匀现象，浸渗压力偏高会导致微观组织存在裂纹。因此为制备出具有理想组织和良好性能的碳纤维复合材料，很有必要研究不同浸渗压力对 2D-CFRP 复合材料组织性能的影响。

上述环氧树脂基体在 2D 碳纤维预制体中的临界浸渗压力的计算过程中，尽管动态考虑了基体浸渗过程中所受毛细压力和黏滞阻力，但仍处于理想化浸渗模型，未考虑空气阻力和前沿端部阻力等因素的影响，因此上述计算分析只能作为实验理论指导，在实际浸渗过程中浸渗压力往往要>0.478MPa，才能使环氧树脂基体在 2D 碳纤维预制体中发生浸渗。考虑到计算时忽略了空气阻力和前沿端部阻力等的因素，因此实验中所施加的浸渗压力初始值为 0.5MPa，并根据实验的结果依次增加压力，对不同的浸渗压力下所制得的 2D-CFRP 复合材料采用三点弯曲实验法分别测其弯曲强度，具体结果如图 3-23 所示。

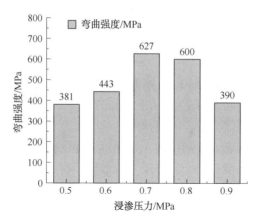

图 3-23　不同浸渗压力下 CFRP 复合材料弯曲强度对比

## 1. 浸渗压力为 0.5MPa

当浸渗压力为 0.5MPa 时，通过 SEM 观察所制备 CFRP 复合材料微观浸渗组织如图 3-24(a)、弯曲断裂形态如图 3-24(b)。从图 3-24(a)中可以看出纤维束内呈暗黑色，环氧树脂基体呈灰白色。此时已经有少量的环氧树脂基体分布在预制体内部，已浸渗的区域颜色依旧略微暗淡，说明纤维束间环氧树脂基体含量整体较低，环氧树脂基体无法将所有的纤维束紧密结合，此时浸渗不完全、不充分，实验中主要体现为由浸渗压力不足导致环氧树脂基体含量较少。由图 3-24 可以看出断口处颜色较深，只有少量的环氧树脂基体分散在纤维束间，大量纤维丝散乱分布在不平整的断口。

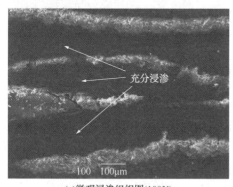
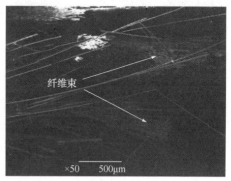

(a)微观浸渗组织图(100X)　　　　　(b)弯曲断裂形态图(50X)

图 3-24　2D-CFRP 复合材料微观图(0.5MPa)

当浸渗压力为 0.5MPa 时，浸渗组织内部环氧树脂基体含量较少，碳纤维无法充分发挥增强作用，导致所制备的 2D-CFRP 复合材料弯曲性能较差，经三点弯曲测试，其弯曲强度仅有 381MPa。此时应当适当增大浸渗压力，进一步观察环氧树脂基体在 2D 碳纤维预制体中的浸渗效果以及复合材料弯曲性能变化情况。

**2. 浸渗压力为 0.6MPa**

当浸渗压力增加至 0.6MPa 时，观察所制备 2D-CFRP 复合材料微观浸渗组织如图 3-25(a)、弯曲断裂形态图如图 3-25(b)。由图 3-25(a)可以发现纤维束间有较多的环氧树脂基体分布，已浸渗的区域颜色也较之前更白更亮，但环氧树脂基体还未完全浸渗碳纤维预制体内，中间部分环氧树脂基体呈细长条状，说明环氧树脂基体含量不是很充分，浸渗压力依然偏小。由图 3-25(b)可以看出所制备碳纤维断口处有大量的环氧树脂基体不均匀分布，纤维的分布比之前更加合理，环氧树脂基体浸渗的区域断口较为整齐，但断口处仍有部分区域基体含量较少，断裂的纤维丝上也只有很少的环氧树脂基体分布，在受载荷时，尽管环氧树脂基体含量整体增多，但由于部分区域环氧树脂基体含量不是很充分，导致纤维无法通过环氧树脂基体传递载荷，断裂首先从浸渗不充分区域开始。此时，所制备的复合材料整体浸渗效果和力学性能有所改善，但仍不太理想。

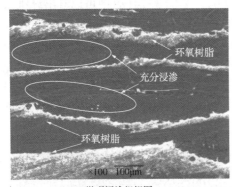 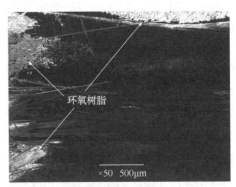

(a)微观浸渗组织图　　　　　　　　(b)弯曲断裂形态图

图 3-25　2D-CFRP 复合材料微观图(0.6MPa)

当浸渗压力为 0.6MPa 时，组织内部环氧树脂基体明显增多，但环氧树脂基体未能将碳纤维连成一个整体，仅有部分碳纤维能够发挥增强作用，所制备的复合材料弯曲强度达到 443MPa，较 0.5MPa 浸渗压力下的材料性能有了显著的提升，浸渗效果和复合材料性能仍有改善空间。此时应当继续适当增大浸渗压力，观察环氧树脂基体在 2D 碳纤维预制体中的浸渗效果以及复合材料弯曲性能变化情况。

**3. 浸渗压力为 0.7MPa**

当进一步提高浸渗压力至 0.7MPa 时，观察所制备 2D-CFRP 复合材料微观浸渗组织如图 3-26(a)、弯曲断裂形态图如图 3-26(b)和图 3-26(c)。由图 3-26(a)

可以看出纤维束间有大量的环氧树脂基体分布，已浸渗的区域颜色也较之前更白更亮，此时浸渗效果良好；从图3-26(b)中可以看出断口处有大量的环氧树脂基体在纤维束内，碳纤维和环氧树脂基体的分布也更加合理，断口形貌较为整齐，纤维丝上也能明显看到有环氧树脂基体包裹，此时浸渗效果明显改善；进一步放大断口处微观组织，由图3-26(c)可以看出组织内部环氧树脂基体明显增多且分布更加均匀，纤维四周被环氧树脂基体紧密包裹，复合材料断口较为整齐，部分纤维被拉断，部分被拔出，且拔出数量和长度相当可观，说明裂纹在界面相中发生了有效的分叉和偏转，从而使裂纹前端应力得到有效分散。

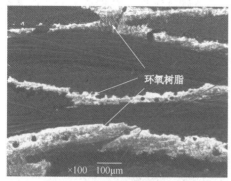

(a)微观浸渗组织图

(b)弯曲断裂形态图

(c)弯曲断裂形态图

图3-26　2D-CFRP复合材料微观图(0.7MPa)

当浸渗压力为0.7MPa时，所制备的2D-CFRP复合材料弯曲性能得到进一步提高，弯曲强度高达627MPa，复合材料性能已经较为理想。为了确定最佳浸渗压力，此时仍应适当增大浸渗压力，进一步观察环氧树脂基体在2D碳纤维预制体中浸渗效果以及复合材料弯曲性能变化情况。

4. 浸渗压力为0.8MPa

当浸渗压力为0.8MPa时，观察所制备2D-CFRP复合材料微观浸渗组织如

图 3-27(a)、弯曲断裂形态图如图 3-27(b) 和图 3-27(c)。由图 3-27(a) 可以看出在纤维束间分布有大量环氧树脂基体，环氧树脂基体分布比较均匀，已浸渗的区域颜色也比较白、亮，此时浸渗效果良好；从图 3-27(b) 中可以看出断口处有大量的环氧树脂基体与纤维丝黏连，断口中纤维分布较为整齐、合理，浸渗效果良好；进一步放大断口处微观组织，由图 3-27(c) 可以看出环氧树脂基体在纤维内部分布充分且均匀，断口形貌比较整齐，多呈拉断状态，同时也有少量纤维被拔出，但此时断口中开始出现裂纹，该裂纹贯穿于图示位置。考虑到复合材料浸渗效果良好，在弯曲试验时，裂纹处所受载荷会通过环氧树脂基体分担给临近的区域，从而防止发生连锁断裂现象，因此所制备碳纤维性能在理论上会比前者稍微有所降低。

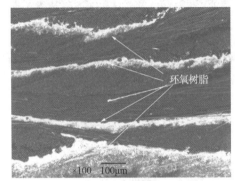
(a)微观浸渗组织图

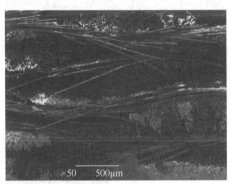
(b)弯曲断裂形态图

(c)弯曲断裂形态图

图 3-27　2D-CFRP 复合材料微观图(0.8MPa)

当浸渗压力调节至 0.8MPa 时，所制备的 2D-CFRP 复合材料弯曲强度达到 600MPa，与 0.7MPa 浸渗压力下制备的 2D-CFRP 复合材料相比稍有所降低，稍大的浸渗压力在提高浸渗效果的同时开始为复合材料的制备带来了一定的缺陷，这也验证了上述理论分析。由于复合材料浸渗效果和弯曲强度变化不大，因此很有必要进一步提高浸渗压力，观察浸渗效果以及复合材料弯曲性能变化情况。

5. 浸渗压力为 0.9MPa

当进一步提高浸渗压力至 0.9MPa 时，观察所制备的 2D-CFRP 复合材料微观浸渗组织如图 3-28(a)、弯曲断裂形态图如图 3-28(b)。由图 3-28(a)可以看出纤维束间有一定量环氧树脂基体分布，环氧树脂基体含量明显减少，此时浸渗效果较之前有所降低，仔细观察会发现图中纤维束内有一条裂纹在延伸，说明过高的浸渗压力将浸渗的环氧树脂基体挤出，导致局部预制体内环氧树脂基体含量减少，进而导致裂纹的出现；由图 3-28(b)可以看出环氧树脂基体在纤维间分布总体含量有所降低，弯曲断口平齐，且无纤维拔出现象，具有典型的脆性断裂特征，从图 3-28 也可以看出有几条裂纹在纤维内部交错延伸，此时复合材料内部出现了严重缺陷。当复合材料受载时，纤维的断裂伴随有环氧树脂基体的开裂，基体中的裂纹会快速扩散到邻近的纤维中，裂纹尖端应力不能得到有效分散，使材料整体脆性断裂。

(a)微观浸渗组织图(200X)　　　　　　(b)弯曲断裂形态图(500X)

图 3-28　2D-CFRP 复合材料微观图(0.9MPa)

经三点弯曲测试，浸渗压力为 0.9MPa 时，所制备 2D-CFRP 复合材料弯曲强度仅有 390MPa，2D-CFRP 复合材料弯曲性能较之前有明显下降，说明过大的浸渗压力在降低浸渗效果的同时，也给复合材料带来了不可忽视的裂纹缺陷，对复合材料浸渗效果和力学性能有较大不利影响。

### 3.4.3　树脂在 3D 碳纤维中的临界浸渗压力计算

三维碳纤维增强树脂基复合材料(3D-CFRP)是以 3D 碳纤维为增强体、环氧树脂为基体制备而成的一种复合材料，相比于传统的 1D-CFRP、2D-CFRP 复合材料，其增加了 $z$ 轴方向的碳纤维束，有效克服了传统层合复合材料沿厚度方向力学性能差、层间剪切强度低、易分层等缺点，使材料的整体强度和刚度得到了显著提高。对于三维碳纤维预制体，其纤维表面呈惰性、比表面积小、与树脂润湿性差，纤维束间间隙与束内间隙大小不均且存在明显差异，因而临界浸渗压力很大，要实现其充分均匀浸渗非常困难。而在制备 3D-CFRP 复合材料的过程中，关键一环就是使树脂与碳纤维充分浸渗，从而获得良好的浸渗组织，要想实现这一目标就必须在浸渗过程中对浸渗压力参数进行合理控制。因此，对 3D-CFRP 复合材料开展临界浸渗压力计算与试验研究对于改善复合材料制品弯曲性能、降低成本等具有重要意义。

本节分别从静力学和动力学的角度，推导计算出树脂在 3D 碳纤维预制体中的临界浸渗压力，基于动力学计算值开展了真空压力浸渗 3D-CFRP 复合材料的制备实验研究，通过浸渗微观组织与弯曲性能观测，最终确定较为适宜的浸渗压力。

1. 浸渗压力静力学分析计算

对于树脂在 3D 碳纤维临界浸渗压力推导的计算中，在分析时首先需要将 3D 碳纤维结构假设为 $z$ 轴碳纤维与 $x$、$y$ 平面碳纤维垂直分布，不存角度倾斜。在树脂浸渗 3D 碳纤维的过程中可以分解为树脂浸渗 $z$ 向碳纤维和 $x$、$y$ 平面碳纤维两个过程的叠加。因此，制备 3D-CFRP 复合材料所需临界浸渗压力为树脂浸渗 $z$ 向碳纤维和 $x$、$y$ 平面碳纤维所需临界浸渗压力之和。

基于式(3-1)、式(3-2)、式(3-3)还需对 $z$ 向纤维分布模型进行进一步推导。

对于 $z$ 向碳纤维：

$$\begin{cases} a = d_f \sqrt{\dfrac{\pi}{4V_{f1}}} \\ r_1 \approx \dfrac{1}{2}\left(\sqrt{2}\,a - d_f\right) = \dfrac{d_f}{2}\left[\sqrt{\dfrac{\pi}{2V_{f1}}} - 1\right] \end{cases} \tag{3-8}$$

将 $\gamma_{1v} = 0.043$，$\theta = 12$，$d_f = 7$，$V_{f1} = 25\%$，$V_{f2} = 45\%$ 代入式(3-1)、式(3-2)、式(3-3)、式(3-8)可以计算得出 $r_1 = 8.77\mu m$，$r_2 = 0.52\mu m$，$P_{th1} = 0.0095MPa$，$P_{th2} = 0.16MPa$，最终制备 3D-CFRP 复合材料所需的静力学临界浸渗压力值可由式(3-9)计算：

$$P_{th} = P_{th1} + P_{th2} \tag{3-9}$$

制备 3D-CFRP 复合材料所需的静力学临界浸渗压力值为 0.170MPa。

2. 浸渗压力动力学分析计算

由于静力学计算忽略了树脂在流动过程中的黏滞和凝固阻力，与实际值偏差较大，因此采用动力学计算出的 0.973MPa 作为试验参考值，开展树脂在 3D 碳纤维预制体中浸渗试验研究。

将相关已知参数 $\gamma_{1v} = 0.043$，$\theta = 12$，$d_f = 7$，$V_{f1} = 25\%$，$V_{f2} = 45\%$，代入式（3-4），计算可得毛细压力$P_{c1} = 0.008\text{MPa}$，$P_{c2} = 0.02\text{MPa}$。

将相关参数 $\mu = 0.562$，$h = 6$，$t = 60$ 代入式（3-5）、式（3-6）计算可得$K_1 = 0.55 \times 10^{-12}\text{m}^2$，$K_2 = 0.12 \times 10^{-12}\text{m}^2$，$\Delta P_1 = 0.229\text{MPa}$，$\Delta P_2 = 0.772\text{MPa}$。

将上述结果代入式（3-7）可求得浸渗 Z 向碳纤维所需浸渗压力 $P_1 = 0.221\text{MPa}$，浸渗 $x$、$y$ 平面碳纤维所需浸渗压力 $P_2 = 0.752\text{MPa}$。

因此制备 3D-CFRP 复合材料所需的临界浸渗压力 P 可由式（3-10）计算：

$$P = P_1 + P_2 \tag{3-10}$$

从动力学角度获得的制备 3D-CFRP 复合材料所需的临界浸渗压力为 0.973MPa。

### 3.4.4 真空压力浸渗 3D-CFRP 复合材料制备实验

在开始试验前分别依据静力学和动力学相关理论推导计算出树脂浸渗三维碳纤维所需临界浸渗压力分别为 0.170MPa 和 0.973MPa，由于静力学计算忽略了树脂在流动过程中的黏滞和凝固阻力，与实际值偏差较大，因此采用动力学计算出的 0.973MPa 作为试验参考值，开展了浸渗压力分别为 1MPa、2MPa、3MPa、4MPa、5MPa 下树脂在 3D 碳纤维预制体中浸渗制备实验。不同浸渗压力下制备的复合材料弯曲强度性能如图 3-29 所示，从中可以看出，当浸渗压力较高时，过高的压力使已经浸渗进碳纤维中未固化的树脂被挤出，进而造成复合材料内部变形和压溃，从而产生部分孔隙、空洞等缺陷，最终限制了浸渗效果的改善。当浸渗压力为 3MPa 时，复合材料浸渗效果最佳，无明显制备缺陷，最大弯曲强度达 540MPa。

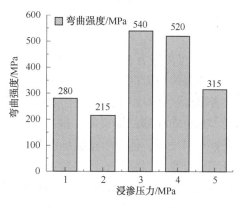

图 3-29 不同浸渗压力下 3D-CFRP 复合材料弯曲承载性能

1. 不同浸渗压力下复合材料浸渗组织与弯曲性能

1）浸渗压力为 1MPa 和 2MPa

图 3-30（a）所示为浸渗压力 2MPa 时 3D-CFRP 浸渗微观组织图，由图可以看出所圈黑色部分为碳纤维，沿 $x$、$y$、$z$ 3 个方向的碳纤维交织分布是一种典型的三维碳纤维结构形式，白色部分为树脂，在纤维束内和束间分布较少，而且存在部分树脂集聚现象，复合材料整体浸渗效果一般。进一步将放大倍数提高至 200 倍，由图 3-30（b）观察可知，浸渗组织中树脂在碳纤维中零星分布，碳纤维

和树脂处于分离状态，纤维束内浸渍树脂较少，浸渗效果较差。说明当浸渗压力为1MPa和2MPa时，树脂和碳纤维之间可以发生浸渗，但由于浸渗压力较低，树脂无法充分地浸渍碳纤维。进而说明虽尽管采用略高于动力学计算的临界浸渗压力，但由于理论计算过程中忽略了加压时树脂自身产生的阻力及纤维预制体的端部阻力等因素，导致计算结果偏低。因此，有必要进一步提高浸渗压力来观察复合材料的微观浸渗组织。

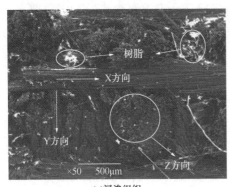
(a)浸渗组织

(b)浸渗组织

图3-30　3D-CFRP浸渗微观组织(2MPa)

2) 浸渗压力3MPa和4MPa

当浸渗压力进一步增大到3MPa和4MPa时，在放大倍数为50倍时观察发现二者浸渗微观组织相近，浸渗效果有了明显改善。如图3-31(a)所示，树脂较为均匀地分布在碳纤维束间，进一步将放大倍数提高至200倍如图3-31(b)所示，观察可以发现，部分单丝碳纤维及碳纤维束上均粘附有树脂，说明树脂已经充分浸润碳纤维，树脂与碳纤维紧密结合，3MPa是比较合适的浸渗压力。当把浸渗压力进一步增加到4MPa时，由图3-31(c)中200倍放大倍数的微观浸渗组织观察可以发现，碳纤维与树脂的整体浸渗效果仍良好，树脂将碳纤维完全浸润。因此，当浸渗压力为3MPa和4MPa时，可以有效克服浸渗过程中的阻力和理论推导过程中忽略3D碳纤维结构差异带来的阻力值变化等因素，大大改善了树脂与碳纤维的浸渗效果，从而提高3D-CFRP复合材料的整体组织性能。

3) 浸渗压力5MPa

为了进一步确定最佳浸渗压力参数值，将浸渗压力增大到5MPa，继续观察3D-CFRP复合材料的微观浸渗组织。如图3-32(a)所示，当外部浸渗压力继续增大到5MPa后，复合材料内部树脂与碳纤维分布不均匀，出现了部分区域树脂较多而部分区域树脂较少的现象，整体的浸渗效果开始变差，从另一个角度观察浸渗微观组织如图3-32(b)所示，复合材料的内部开始出现了孔隙和孔洞、以及材料边缘树脂溢出等现象，严重限制了3D-CFRP复合材料的弯曲承载性能。造

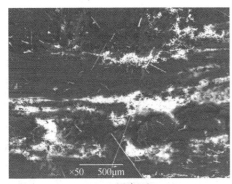

(a)3MPa浸渗组织

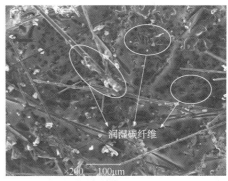

(b)3MPa浸渗组织

(c)4 MPa浸渗组织

图3-31 3D-CFRP 浸渗微观组织

成这一现象的主要原因是过大的浸渗压力会将未固化的已经浸渗进碳纤维中的树脂挤出，当压力继续增大最终导致材料内部变形和压溃，从而制约了浸渗效果的改善，因而所测试样的弯曲承载性能有较为明显的下降，所以过高的浸渗压力对于 3D-CFRP 的制备是不利的。

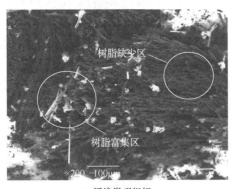

(a)浸渗微观组织

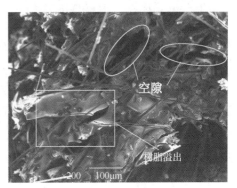

(b)浸渗微观组织缺陷

图 3-32 3D-CFRP 浸渗微观组织(5MPa)

2. 不同浸渗压力下复合材料断口形貌与弯曲性能

1）浸渗压力 1MPa 和 2MPa

复合材料的断裂形态也可以从一定程度上反映材料制备过程中的浸渗效果，因此观察分析复合材料的断口微观组织形貌可以从侧面验证前一部分树脂与碳纤维的浸渗微观组织分析的准确性。如图 3-33（a）通过扫描电子显微镜对 3D-CFRP 复合材料断口微观组织形貌观察可以发现，当浸渗压力为 1MPa 时，复合材料断口中有大量碳纤维，而树脂却很少，树脂与碳纤维界面结合较差，不能很好地发挥材料碳纤维与树脂的复合效应，因而复合材料的弯曲性能较低。当浸渗压力为 2MPa 时，由图 3-33（b）可知，复合材料的断口微观组织形貌仍不理想，虽然树脂的含量有所提高，但是树脂和碳纤维处于分离的状态，二者不能很好地结合，无法有效传递应力，因此材料的弯曲承载性能依旧较低。此观测分析结果与前一部分微观浸渗组织观测结果一致。

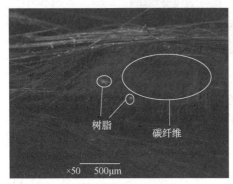 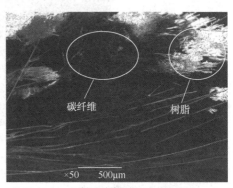

(a)断口形貌组织(1MPa)　　　　　　　(b)断口形貌组织(2MPa)

图 3-33　3D-CFRP 断口形貌图

2）浸渗压力 3MPa 和 4MPa

当以 50 倍的放大倍数观察浸渗压力为 3MPa 和 4MPa 下制备的 3D-CFRP 复合材料的断口微观组织形貌时，可以发现二者微观组织形貌相似，如图 3-34（a）所示，复合材料断口形貌较为合理，纤维与树脂结合紧密，断口处有部分纤维拔出，纤维有效地发挥了增强作用。进一步将放大倍数提高到 200 倍，由图 3-34（b）可以看出，碳纤维与树脂界面结合紧密，无明显的分离、脱胶等现象，树脂均匀分布在碳纤维束间，很好地起到了传递应力作用，因而此时复合材料弯曲性能较为理想。继续观察图 3-34（c）可以发现，相比图 3-34（b）树脂含量稍有下降，因而与碳纤维的结合程度降低，从而导致了弯曲性能的降低。因此，通过观察比较发现当浸渗压力为 3MPa 时所制备的 3D-CFRP 复合材料弯曲承载性能较好。

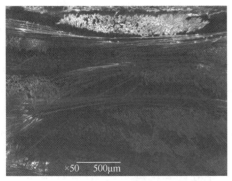

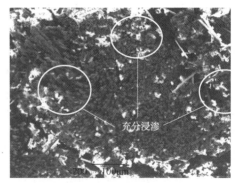

(a)3MPa断口形貌组织

(b)3MPa断口形貌组织

(c)4MPa断口形貌组织

图3-34　3D-CFRP断口形貌图

3）浸渗压力5MPa

为了很好地得到浸渗压力参数对3D-CFRP复合材料弯曲承载性能的影响规律，有必要继续观察浸渗压力为5MPa时，复合材料断口微观组织形貌图。如图3-35所示，可以发现断口处主要为碳纤维，树脂较少，碳纤维与树脂结合很不紧密，部分区域还出现了碳纤维脱胶的现象。当复合材料承载时，树脂分布不均匀，不能很好地约束碳纤维起到的传递应力作用，而碳纤维失去树脂的紧密结合，遇到载荷时可承载能力大大降低，从而最终导致复合材料的测试结果明显降低。因此，过高的浸渗压力会限制3D-CFRP复合材料弯曲承载性能的提高。

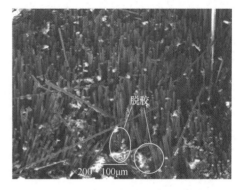

图3-35　3D-CFRP断口形貌图(5MPa)

通过对3D-CFRP断口形貌的观察分

析可以发现，当浸渗压力较低或较高时，复合材料出现树脂与碳纤维分布不均匀，结合不紧密，容易出现脱胶等制备缺陷。树脂基体不能很好地发挥传递应力的作用，碳纤维增强体也无法发挥较好的增强作用，因而复合材料的整体弯曲性能较低。当外部浸渗压力为 3MPa 时，复合材料的断口形貌中部分碳纤维被拉拔出，说明碳纤维与基体结合紧密，很好地发挥了材料的复合效应，因而整体的弯曲性能较高，较最低弯曲强度提高了 151.2%，此结论与浸渗组织分析结果一致，有效地佐证了结论的可靠性。由此可见，浸渗压力是一个重要的工艺参数，在制备 3D-CFRP 复合材料时需重点考虑。

该小节分别从静力学和动力学的角度，推导计算了树脂在 3D 碳纤维预制体中的临界浸渗压力为 0.170MPa 和 0.973MPa。由于静力学计算忽略了树脂在流动过程中的黏滞和凝固阻力，与实际值偏差较大，因此采用动力学计算出的 0.973MPa 作为试验参考值，采用真空压力浸渗法分别制备了浸渗压力为 1MPa、2MPa、3MPa、4MPa 和 5MPa 的 3D-CFRP 复合材料。通过对复合材料浸渗微观组织的观察对比分析可知，过高或过低的浸渗压力对于浸渗效果的改善都是不利的。当外部浸渗压力较低时，无法克服浸渗过程中的毛细压力、纤维内部不规则产生的阻力及纤维预制体端部阻力等，因而树脂与碳纤维的浸渗效果较差，复合材料的弯曲性能较低。

当浸渗压力为 3MPa 时，复合材料的浸渗组织较为理想，缺陷得到有效控制，弯曲承载性能最佳，可达 540MPa。理论计算的临界浸渗压力和最终通过试验验证确定的最佳浸渗压力值存在一定偏差，主要是因为在计算过程中忽略了树脂自身产生的阻力及纤维预制体的端部阻力等因素，其次在计算时将三维碳纤维设想为 3 个方向完全垂直，而实际中 3D 碳纤维预制体内部三个方向角度有一些偏差，因而计算结果会产生误差。另外计算出的临界浸渗压力表示树脂与纤维浸渗可以自发进行所需的最小压力，因而最佳值较临界浸渗压力应偏大较为合理。

# 第4章 压力浸渗制备碳纤维/环氧树脂复合材料影响因素

在制备碳纤维/环氧树脂复合材料时，材料最终宏观性能表现取决于自身的微观浸渗组织，而制备工艺参数直接影响材料的微观浸渗组织，因而在复合材料制备过程中的工艺参数控制尤为重要。在前述章节中已经对浸渗过程中基体溶液在纤维预制体中的浸渗流动规律进行了探讨，为固化温度、固化时间等制备工艺参数对于基体溶液的流动性及浸渗效果等影响规律提供了理论依据，本章将对制备碳纤维/环氧树脂过程中的工艺参数影响规律展开深入研究。

压力浸渗成型工艺包含无压加热固化和热压固化两个固化阶段，涉及的工艺参数较多，关系复杂，其中固化时间、温度和压力是复合材料固化过程中的关键工艺参数，对于复合材料的组织性能具有重要影响。例如，固化温度过高时，固化混合溶液的黏度低，流动性好，浸渗能力强，但过高的温度会导致复合材料迅速固化，树脂难以充分浸渗纤维空隙；固化时间较短时，树脂基体难以在有限的时间内充分浸渗纤维内部及纤维丝间隙中，使得增强体的增强能力受到一定限制，严重影响复合材料的力学性能。由此可见，了解工艺参数对复合材料的影响规律，是制备性能优异的复合材料的关键。

## 4.1 固化温度对复合材料的影响

在碳纤维/环氧树脂复合材料制备过程中，固化温度是一个至关重要的制备工艺参数。当固化温度较高时，基体溶液的黏度低、流动性好、浸渗能力强，但过高的温度会导致复合材料迅速固化，树脂来不及充分浸渗纤维空隙，材料浸渗不均匀；当固化温度较低时，基体溶液黏度高、流动性差，完全填充碳纤维之间的缝隙耗时较长，同时凝固速率较慢，在规定的固化时间内树脂的填充不够充分即浸渗不充分，浸渗效果差，最终导致其弯曲强度较低。因此固化温度对制备理想组织性能的碳纤维/环氧树脂复合材料尤为关键。

本节采用压力浸渗成型工艺制备无压固化温度分别为80℃、90℃、100℃、110℃、120℃和130℃的2D-T700/E44复合材料，从微观组织和力学性能等方面讨论固化温度对压力浸渗成型工艺对制备2D-T700/E44复合材料的影响规律，获得制备复合材料的最佳固化温度，对制备高性能2D-T700/E44复合材料具有重要意义。

### 4.1.1 较低固化温度

对于碳纤维增强树脂基复合材料，基体作为黏结增强体纤维的连续相，其分布情况直接影响到复合材料性能的高低。当固化温度分别为80℃、90℃及100℃时，由扫描电子显微镜得到如图4-1(a)(b)(c)所示微观组织图。图中呈现煤黑色的部分为增强体碳纤维，呈现亮白色的区域为环氧树脂。观察可知，三种固化温度下的微观组织均存在树脂基体分布不均的现象，但是随着温度的逐步升高，基体分布面积逐渐变大，分布区域逐渐广泛。通过比较80℃与90℃下的微观组织[图4-1(a)和图4-1(b)]，可知80℃下的基体树脂分布区域呈现细窄带状，当固化温度升高至90℃时，带状区域逐步扩展变宽，渗透到纤维丝内部及纤维束间的基体增多。当固化温度为100℃时[图4-1(c)]，纤维间分布有大量树脂，但分布均匀性有待提高，出现明显的多树脂区与少树脂区。

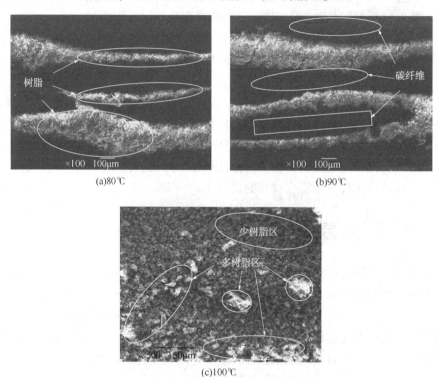

(a)80℃          (b)90℃

(c)100℃

图4-1  不同固化温度下 2D-T700/E44 复合材料浸渗微观组织图

进一步讨论三种固化温度下的断口形貌，当固化温度为80℃时[图4-2(a)]，能够看到大量的碳纤维集聚，复合材料内部只有少量的树脂分布，进一步验证了复合材料浸渗效果不理想。这是因为当无压固化温度为80℃时，固化混合溶液的黏度过高，流动性差，导致基体不能充分填满纤维间隙，以至复合材料浸渗效果不理想。此外，碳纤维与树脂的分布均匀性和连续性也有待提高，纤维在复合材料中无法有效地发挥增强作用，这些因素使得复合材料弯曲性能不够理想，通过弯曲强度测试，可得到复合材料的弯曲强度仅为325MPa。

由图4-2(b)中可以发现，复合材料的弯曲断口中出现了浸渗较为充分区，这些区域中纤维和树脂的结合性较为理想，因此当固化温度为90℃时，复合材料的弯曲性能与80℃时相比有所提高。但在断口结构中碳纤维分布较多，结合的树脂较少，说明复合材料的浸渗效果仍不理想，因此制备的2D-T700/E44复合材料的弯曲强度为485MPa。

当固化温度为100℃时，观察该温度下复合材料的弯曲断口形貌，此时树脂和碳纤维的分布结合情况整体较好，且出现了纤维的拔出现象，如图4-2(c)所示。碳纤维拔出以后在复合材料的断口区域出现了拔出空穴，纤维层断裂时，由于树脂与碳纤维结合紧密，断裂的层次性更加明显，只在断口的边缘局部区域出现纤维与树脂结合性差的情况。此时，碳纤维充分发挥了增强作用，树脂有效传递载荷，复合材料的弯曲强度得到有效提高，该温度下，复合材料的弯曲强度达到590MPa。

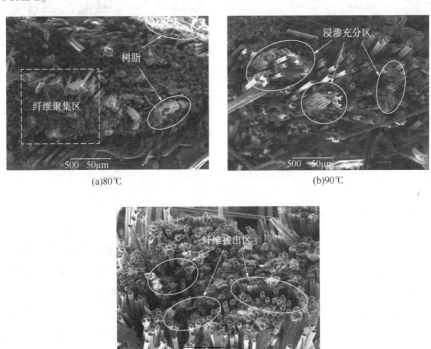

图4-2　不同固化温度下2D-T700/E44复合材料弯曲断口形貌图

### 4.1.2 适宜固化温度

当无压固化温度达到110℃时，由图4-3(a)可知，浸渗微观组织中的碳纤维上均布有大量树脂，未发现明显的空隙等缺陷，树脂与纤维结合情况良好，说明此时浸渗效果理想。观察图4-3(b)的弯曲断口形貌，可见复合材料的断裂面凹凸不平，同时还有较多碳纤维拔出留下的洞穴和突出的断裂碳纤维束。说明试样在受到弯曲载荷而发生断裂行为，在载荷的作用下碳纤维开始断裂，由于碳纤维与树脂结合紧密，部分碳纤维被拉扯而与树脂分离。碳纤维的拉扯情况说明试样的断裂具有层次性，增强体纤维并非同时达到受力极限，即不是脆性断裂，因此具有较好的抗弯性能，能承受较大载荷。由三点弯曲测试可知，此时复合材料的弯曲强度达到860MPa。综合弯曲性能测试和断裂过程以及微观图下的浸渗效果，说明110℃是压力浸渗成型工艺无压固化温度的一个最优值，此条件下制得的复合材料具有良好的性能。

(a)微观组织图　　　　　　　　　　　　(b)断口形貌图

图4-3　2D-T700/E44复合材料浸渗微观组织及断口形貌图(110℃)

### 4.1.3 较高固化温度

当无压固化温度升高到120℃时，由图4-4(a)可以发现，复合材料的浸渗效果与110℃[图4-4(a)]的复合材料相比略微变差，树脂在纤维束及纤维丝间隙中分布不均匀，在多树脂区可以看到较多树脂分布在碳纤维上，但也存在只有少量的树脂浸渗到碳纤维间隙中的区域。当无压固化温度进一步升高到130℃[图4-4(b)]时，由于温度较高使得树脂迅速固化，只有部分区域有较多树脂分布，大部分增强体纤维上并无树脂附着，基体浸渗效果与固化温度为110℃的浸渗情况相比，已出现明显的树脂集聚区。

分析图4-5(a)所示断口形貌，可知当温度为120℃时，弯曲断裂面上有聚集物，断裂面比较平整，几乎没有碳纤维被扯出的痕迹，断裂的过程时间较短，没有层次性。弯曲试验的测试结果为760MPa，与110℃时比较，弯曲性能有所下降，可知固化温度较高时，制备的复合材料综合性能较差。

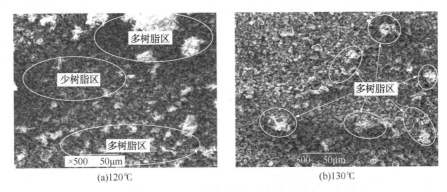

(a)120℃        (b)130℃

图4-4  不同固化温度下2D-T700/E44复合材料浸渗微观组织图

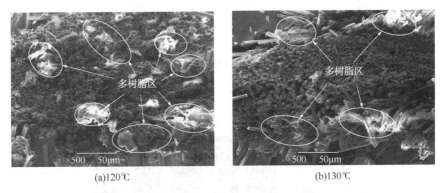

(a)120℃        (b)130℃

图4-5  不同固化温度下2D-T700/E44复合材料断口形貌图

由图4-5(b)可得温度为130℃时的断口形貌，弯曲断裂面较为平整，只有局部区域存在明显的树脂集聚分布。几乎没有被扯出的碳纤维，断裂面的碳纤维成束存在，树脂没有起到黏结增强体和传递载荷的作用，施加载荷的过程中碳纤维达到受力极限断裂。当温度达到130℃后，过高温度带来的树脂快速固化对浸渗效果产生较大不利影响，这种影响远远超过了由于温度升高提高树脂流动性所带来的浸渗效果的改善，从而导致树脂在无压固化阶段快速凝固，碳纤维之间的缝隙并没有得到充分和有效填充，碳纤维与树脂的结合也远远不够，最终使得其断裂形貌较平整，抗弯性能很差。弯曲性能测试后结果为695MPa，与最优时的860MPa相比，已经有了很大的差距。

结合前三节分析可知，固化温度对混合溶液的流动性和树脂的凝固过程都有一定影响。在一定温度范围内，温度的升高促进树脂流动性增强、凝固速率变快，但当温度到达基体的凝固温度之后，树脂流动性的增强效果变弱而凝固速率持续上升，这将导致树脂黏性增大，流动性变差。此时树脂难以在有限的固化时间内克服浸渗阻力以填充碳纤维，造成碳纤维丝束独立分布，当复合材料受到载荷作用时，应力在这些独立纤维上难以传递，会造成纤维丝的同时断裂产生脆性断裂的现象，严重影响了复合材料的力学性能。

### 4.1.4 影响机理

不同无压固化温度下复合材料的弯曲强度值如表4-1所示。由表4-1可知，随着固化温度从80℃到130℃的变化，采用改进型模压工艺试验系统制备的2D-T700/E44复合材料的弯曲性能先增大，达到最大值后逐渐变差（图4-6）。固化温度对树脂黏度的影响主要表现为对流动性和凝固速率两个方面的作用。

表 4-1　不同固化温度 2D-T700/E44 复合材料弯曲性能

| 无压固化温度/℃ | 80 | 90 | 100 | 110 | 120 | 130 |
|---|---|---|---|---|---|---|
| 弯曲强度/MPa | 325 | 485 | 590 | 860 | 760 | 695 |

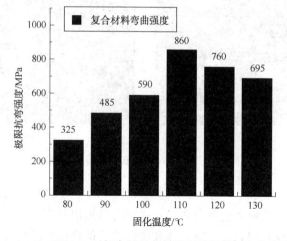

图 4-6　2D-T700/E44 复合材料弯曲强度随固化温度变化关系

固化温度低于110℃时，树脂流动性较差，完全填充碳纤维之间的缝隙所需的时间较长，同时其凝固速率较慢，在规定的固化时间内树脂的填充不够充分即浸渗不充分（图4-7），最终导致其弯曲强度较低。当固化温度较低时，所制备的复合材料容易出现浸渗不充分的情况，碳纤维和树脂分布的均匀性不理想，从而使复合材料的弯曲断口形式不够合理，碳纤维无法有效发挥增强作用，制备的复合材料弯曲强度较低。

随着温度的逐渐升高，树脂的流动性逐渐改善，且凝固速率也逐渐变快，这时树脂的黏性较小。然而，当固化温度高于110℃时，过高温度带来树脂快速固

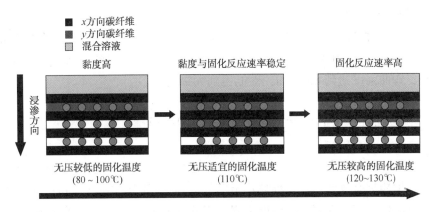

图4-7 不同固化温度对基体浸渗效果的影响机理

化对浸渗效果会产生较大的不利影响，这种影响远远超过了由于温度升高提高树脂流动性所带来的浸渗效果的改善，导致树脂在无压固化阶段快速凝固，碳纤维之间的缝隙并没有得到充分填充(图4-7)，增强体纤维与树脂的结合远远不够，复合材料的整体浸渗效果较差，弯曲强度较低。

当固化温度为110℃时，复合材料的浸渗效果较好，弯曲性能较为理想，说明了流动性与凝固速率有较好的匹配关系。此时，浸渗微观组织中各个区域都有大量的树脂且分布比较均匀，未发现明显的空隙缺陷，碳纤维层上保留较多的树脂，两者的结合情况良好，复合材料的弯曲断裂面凹凸不平，同时还有较多的碳纤维拔出留下的洞穴和突出的断裂碳纤维束，碳纤维和树脂基体分别有效地发挥了增强和传递载荷的作用，因此其弯曲性能方面达到860MPa，远远超过其他温度条件下的复合材料试样。说明在该条件下，固化温度对树脂流动性和凝固速率的影响达到一个最优值，能够在有效时间内完成树脂的填充和固化(图4-7)。

采用压力浸渗成型工艺分别制备无压固化温度为80℃、90℃、100℃、110℃、120℃和130℃的六种2D-T700/E44复合材料。复合材料的宏观形貌较为理想，没有明显的纤维翘曲变形、宏观孔洞等缺陷，对其进行微观组织观察和弯曲性能测试发现，复合材料的浸渗效果和弯曲性能均随温度上升逐渐升高，到达最优值后，呈现下降趋势。当无压固化温度从80℃升到110℃时，所制备复合材料的浸渗效果逐步改善，弯曲性能随之增强，试样的断口形貌趋于合理，这主要是由于较高温度下树脂的流动和浸渗能力增强所致。然而，当无压固化温度为120℃时，复合材料的浸渗效果变差，出现树脂集聚现象，这主要是由于树脂过强的流动性所致，复合材料弯曲性能的下降，复合材料的弯曲断口中也出现了树脂集聚现象。当无压固化温度为130℃时，复合材料迅速固化成型，树脂在固化之前难以充分浸渗纤维丝间隙，因此复合材料的浸渗效果较差，测试其弯曲性能较低。可见，过高或者过低的无压固化温度对制备2D-T700/E44复合材料都是不利的，当温度为110℃时，树脂的浸渗效果良好，缺陷得到有效控制，断口形貌合理，弯曲强度达到860MPa，性能得到大幅提升。

# 4.2 固化时间对复合材料的影响

固化时间、温度和压力是复合材料制备过程中的关键工艺参数，对于复合材料的组织性能具有重要影响。前述小节已经提到，当固化温度较高时，固化混合溶液的黏度低，流动性好，浸渍能力强，因此高温固化时间成为制备该复合材料的另一个重要参数。当固化时间较短时，材料内部浸渗不充分、基体溶液处于黏稠状态固化较少，此时加以后续挤压工艺会导致复合材料层间基体溶液被挤出，最终易出现分层缺陷，从而大幅降低材料的力学承载性能；当固化时间较长时，材料内部基体溶液已经发生了较大程度的固化，后续的热压工艺无法发挥作用，材料内部会出现较多的微小孔隙，在承载时易扩展为裂纹而导致材料失效。故本节将针对新型模压成型2D-T700/E44复合材料过程中高温固化时间对复合材料弯曲性能的影响展开介绍。

采用压力浸渗成型工艺制备无压固化时间分别为40min、60min、80min、100min、120min和140min的2D-T700/E44复合材料，并对其微观组织和力学性能进行详细分析，揭示无压固化时间对压力浸渗成型工艺对制备2D-T700/E44复合材料的影响规律。

## 4.2.1 较短固化时间

对于纤维增强复合材料，基体分布的均匀性和连续性是决定复合材料性能高低的重要因素。图4-8(a)为无压固化时间为40min时，扫描电子显微镜观察到2D-T700/E44复合材料的微观组织，图中白色呈带状分布不均匀分布的是浸渍料，黑色部位是T700碳纤维。白色的浸渍料在黑色的碳纤维中分布极不均匀，且部分区域浸渍料呈零星分布，含量极少。可知：无压固化时间为40min时，固化溶液黏度高，流动性差，以至固化混合溶液不能充分填满纤维间隙，更不能对纤维进行充分的浸渍，浸渗效果较差。这些因素使得复合材料弯曲性能受到影响，通过弯曲强度测试试验，可得到该复合材料弯曲强度仅为275MPa。

图4-8(b)是无压固化时间为60min时复合材料的微观组织，可知在碳纤维束内的树脂与固化时间为40min时的复合材料相比有所增加，说明浸渍效果得到改善。对复合材料进行弯曲强度测试，发现其弯曲强度达到350MPa，与

固化时间为40min时的复合材料相比，改进的浸渍效果使得复合材料的性能得到提升。

图4-8(c)是无压固化时间为80min时复合材料的微观组织，可见此时白色区域在整张图片中的比重增大，且分布均匀，当无压固化时间为80min时浸渍液在碳纤维复合材料中浸渍效果有所提高，浸渍液在碳纤维复合材料中分布较为均匀，但局部还有浸渍不充分的区域。对无压固化时间为80min的复合材料进行弯曲强度测试，得到其弯曲强度为385MPa，与前面相比，弯曲强度得到了进一步的改善。

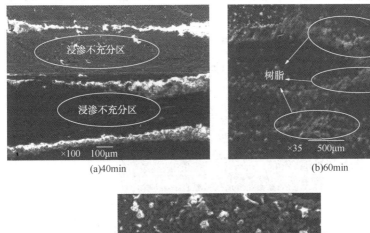

图4-8　2D-T700/E44复合材料不同固化时间下的浸渍微观组织

图4-9(a)是无压固化时间为40min时的断口形貌，可以看到碳纤维杂乱断裂且其内部并无树脂分布，浸渗效果极差。图4-9(b)为60min时2D-T700/E44复合材料的弯曲断口形貌，试样的断口以碳纤维为主，纤维之间有较多空隙，且空隙中几乎没有浸渍液填充。图4-9(c)是无压固化时间为80min时复合材料的弯曲断口形貌，可知该断口截面开始出现不平整现象，纤维束内有成簇的纤维被拔出，其余的纤维被拉断，且从断口处看有较多的树脂分布在纤维之间。

(a)40min

(b)60min

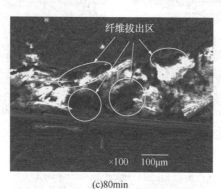

(c)80min

图4-9　2D-T700/E44复合材料不同固化时间下的弯曲断口形貌

## 4.2.2　适宜固化时间

当无压固化时间为100min时,复合材料的浸渍效果得到明显改善,见图4-10(a)。大量的树脂均匀充填到了纤维间隙,未发现孔洞等缺陷,复合材料的浸渍效果良好。对复合材料进行弯曲强度测试,达到了730MPa。由复合材料的弯曲断口形貌图[图4-10(b)]易知断口参差不齐,部分纤维被拔出,部分被拉断,纤维周围被基体树脂所包围,这样碳纤维就能较好地发挥增强作用,基体树脂能够有效发挥传递载荷的作用,因此复合材料的弯曲性能才较为理想。当复合材料中的浸渍组织和断口形貌合理,缺陷得到有效控制时,力学性能会较为理想。

由复合材料的微观组织和弯曲断口形貌可知,无压固化时间为100min时,固化溶液黏度明显降低,流动性也明显提高,复合材料浸渍效果显著,浸渍液充分浸渍和分布均匀,这使得复合材料弯曲性能明显提高。

|(a)微观组织|(b)断口形貌|

图 4-10  2D-T700/E44 复合材料浸渍微观组织与断口形貌(100min)

## 4.2.3  较长固化时间

当无压固化时间延长至 120min 时，固化溶液会在高温下自发地浸渍和流动，且会向浸渍压力小的区域集聚，经过高温固化后，复合材料再放入挤压模具内浸渍时，会更加强化树脂集聚的效果，便会形成图 4-11(a)中的微观组织，图中可知，在复合材料中也充填了较多的树脂，但是浸渍的均匀性较 100min 时的复合材料差，树脂集聚现象明显。当树脂发生集聚现象时，复合材料中基体和增强体分布不均匀，会影响复合材料的性能。对固化时间为 120min 时的复合材料进行弯曲性能测试，发现其弯曲强度达到 655MPa，与固化 100min 的复合材料相比有所降低，这主要是由于复合材料浸渍的充分性和均匀性变差所致。当无压固化时间为 140min 时，复合材料中树脂的集聚现象会更明显，且会导致浸渍不充分区增大[图 4-11(a)]，微观组织中显示有大片带状的树脂分布区，而碳纤维束内充填的树脂较少，复合材料的浸渍效果反而变差。较差的浸渍效果会导致复合材料性能大幅下降。

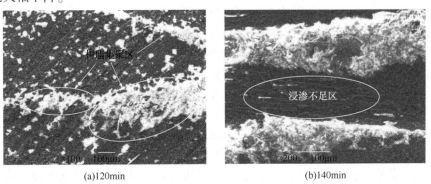

|(a)120min|(b)140min|

图 4-11  2D-T700/E44 复合材料不同固化时间下的浸渍微观组织

通过比较两种固化时间下的复合材料弯曲断口形貌，可知当无压固化时间为120min时[图4-12(a)]，断面均匀性和一致性较差，部分区域断口平齐，部分区域树脂集聚，断口形貌不够合理，这也是导致复合材料弯曲性能不理想的原因。可见，当高温无压固化时间120min时，复合材料的浸渍微观组织和弯曲性能不够理想。

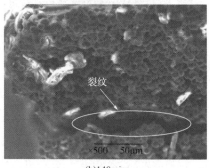

(a)120min          (b)140min

图4-12　2D-T700/E44复合材料不同固化时间下的弯曲断口形貌

对无压固化时间为140min的复合材料进行弯曲强度测试，弯曲强度仅为380MPa，与固化时间为100min的复合材料相比，明显降低。采用SEM观察复合材料的弯曲断口，发现断口部分区域平齐[图4-12(b)]，平齐区域的纤维之间有树脂浸渍。断口上也有裂纹出现，这主要是由于树脂浸渍不充分，试样在受到弯曲载荷时，复合材料会先在树脂浸渍少的区域出现微小裂纹，载荷进一步增大，裂纹进一步扩展，直至试样最终断裂和失效。只有当断口合理时，复合材料的力学性能才较为理想。可见，当无压固化时间为140min时，对于采用压力浸渗工艺制备2D-T700/E44复合材料也是不利的。

### 4.2.4　影响机理

采用压力浸渗成型工艺制备无压固化时间为40min、60min、80min、100min、120min和140min的六种2D-T700/E44复合材料。复合材料的宏观形貌较为理想，没有明显的纤维翘曲变形及孔洞等缺陷，但不同无压固化时间下制备出复合材料的浸渍微观组织和弯曲强度差异明显。

对各无压固化时间下成型的复合材料进行微观组织观察和弯曲性能测试得知，当无压固化时间低于80min时，复合材料浸渍效果较差，容易出现浸渍不充分的缺陷，复合材料的弯曲强度较低。随着无压固化时间的增加，浸渍效果逐步改善，但当无压固化时间达到120min以上时，复合材料的浸渍效果变差，容易出现纤维集聚、浸渍不均匀等缺陷，进而导致复合材料的弯曲强度下降。当无压固化时间为100min时，所制备的复合材料浸渍效果良好，浸渍不均匀和孔洞缺陷得到有效控制，所制备的复合材料弯曲强度达到了730MPa(图4-13)。

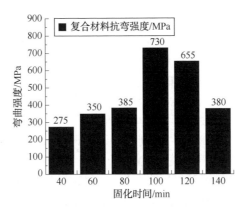

图 4-13　2D-T700/E44 复合材料弯曲强度随高温固化时间变化曲线图

通过上述研究发现，随着高温无压固化时间从 40min 到 140min 的变化，采用新型模压工艺试验系统制备的 2D-T700/E44 复合材料的浸渍效果和弯曲强度呈现先增后减的趋势，见表 4-2。

表 4-2　2D-T700/E44 复合材料弯曲强度随高温无压固化时间变化

| 无压固化时间/min | 40 | 60 | 80 | 100 | 120 | 140 |
|---|---|---|---|---|---|---|
| 弯曲性能/MPa | 275 | 350 | 385 | 730 | 621 | 380 |

本节采用压力浸渗成型工艺可制备出无压固化时间不同的 2D-T700/E44 复合材料，复合材料宏观形貌良好，没有明显的纤维翘曲变形及孔洞等缺陷，但不同无压固化时间下制备出复合材料的浸渍微观组织和弯曲强度差异明显。此外，过短或者过长的无压固化时间对于制备理想组织性能的 2D-T700/E44 复合材料都是不利的，无压固化时间为 100min 时，复合材料的浸渍效果得到明显改善，大量的树脂充填到了纤维间隙，较为充分和均匀，也未发现孔洞等缺陷，复合材料的浸渍效果良好，断口形貌较为合理，因此复合材料的弯曲强度大幅提高，达到了 730MPa。

## 4.3　模压温度对复合材料的影响

随着我国航天事业的深入发展，出现了越来越多的大型空间展开结构、航天器等来满足不同的任务需求。然而，这些大型结构设备由于结构尺寸大，通常无法直接发射到太空，需要在发射前收拢到较小体积，进入轨道运行后逐步展开成目标形状来实现功能，这就对部分材料与结构提出了轻质高强、智能感应驱动等系列要求。智能材料与构件集传感、动作和控制于一体，使传统结构不仅具有普通材料的承载功能，还具备特殊的感知响应能力，因而近些年得到了国内外专家学者的广泛关注。

形状记忆聚合物(SMP)是一种新型高分子材料，其初始形状在一定的条件下改变并固定后，通过外界条件(如热、电、光、磁、溶液等)的刺激又可恢复其初始形状。关于形状记忆材料的最早文献记录可追溯到 Vernon 等在 1941 年发表的"形状记忆"材料专利，直到 20 世纪 60 年代，人们逐渐发现聚乙烯类等材料具备"形状记忆效应"。1984 年 Orkem 公司开发的聚降冰片烯，后经日本杰昂、可乐丽等多家公司的逐步开发，形成了具有形状记忆性能的聚合物材料。20 世纪 90 年代，美国 CTD 公司研制了一系列具有形状记忆效应的热固性环氧树脂材料，并将其应用于太空领域。国内关于 SMP 的研究相对起步较晚，进入 21 世纪初，哈尔滨工业大学冷劲松等课题组逐步开展了形状记忆聚合物及其复合材料结构的相关研究，2020 年 1 月首次实现了基于形状记忆复合材料(Shape memory polymer composite，SMPC)的可展开柔性太阳能电池阵列在轨展开。由于国内相关方面研究起步较晚，受理论水平和研究设备制约，整体较美国、日本等发达国家仍有较大差距。按照外部激励条件的不同，形状记忆聚合物可分为热致型、电致型、光致型、磁致型、溶剂致型等，其中热致型 SMP 因控制方式直接、高效而受到广泛关注。热致型形状记忆聚合物以其控制方式简便、应用场所多、制备成本低等优势，受到普遍关注和研究，然而热致 SMP 内在的较低机械强度和承载力在很大程度上限制了它的应用。

SMP 具有密度小、可形变量大、加工便捷、耐候性能好等优点，且其对外界刺激响应程度可通过化学方法来调节，因此相比于形状记忆合金、形状记忆陶瓷等具有独特的优势，但其存在力学承载性能差的问题，限制了其在某些特定环境下的应用。通过在 SMP 中添加纤维制备成形状记忆复合材料(SMPC)能有效改善其在力学承载及其他功能性方面的不足，从而大大拓宽其应用场景。碳纤维增强形状记忆复合材料(SMPC)是以热致 SMP 为基体，碳纤维为增强体制备的一种形状记忆复合材料，这种复合材料有效克服了 SMP 机械强度差等缺陷，为形状记忆聚合物复合材料的广泛应用奠定了基础。

在 SMPC 制备过程中，成型工艺及工艺参数的优化控制对复合材料的最终性能表现起着决定性作用，特别是当碳纤维增强体与基体材料进行复合制备时，基体溶液在纤维增强体中的浸渗规律尚不明确、成型制备过程难以控制、工艺参数对复合材料性能影响机理不够清晰、相对应的制备工艺参数优化方法有待完善等问题，这些都成为制备性能优异 SMPC 亟待解决和深入研究的关键科学问题，严重制约理想性能 SMPC 的制备及其深入工程化应用。

形状记忆复合材料的制备工艺方法直接决定了材料的最终性能表现，特别是当在形状记忆聚合物中加入碳纤维等增强体制备成形状记忆复合材料时，易出现基体与增强体之间浸渗不充分、结合不紧密等制备问题，而这些问题直接影响材料的宏观性能表现，因而研究关于形状记忆复合材料的制备工艺方法也得到了越来越多的关注。

基于碳纤维增强形状记忆聚合物基复合材料(SMPC)是以传统碳纤维增强复

合材料为基础，在制备过程中加入具有形状记忆功能的聚合物 SMP，从而使复合材料成为一种兼具碳纤维增强复合材料轻质高强承载性能、SMP 形状记忆特性的多功能复合材料。

传统碳纤维增强复合材料制备工艺对于含有碳纤维增强 SMPC 时存在一定的局限性。该类复合材料存在纤维体积分数高、纤维分布复杂、树脂浸渗路径多变、临界浸渗压力大、工艺参数耦合作用关系不够清晰、工艺成型过程较为复杂且难以控制等一系列制备困难，当工艺参数和成型工艺方法选择不当时，很容易出现树脂浸渗不充分、纤维翘曲和移位、孔隙、内部裂纹等制备缺陷，严重影响理想组织性能的碳纤维增强 SMPC 的成功制备，迫切需要对该类复合材料的制备工艺成型、工艺方法开展深入研究，基于此本节将从制备过程中模压温度对 SMPC 形状记忆性能的影响等方面展开深入讨论。

本节通过研究采用压力浸渗成型工艺时，不同模压温度下 SMPC 复合材料的微观组织性及宏观形状记忆性能，介绍模压温度对 SMPC 复合材料形状记忆性能的影响机理。

### 4.3.1　较低模压温度

下面简要介绍本书中测试形状记忆性能所用到的试验与表征方法。

将制备好的试样放入 90℃恒温箱中加热 10min 取出，放入自制折弯装置中，将试样折成 90°，试样会有一定回复，最终固定角度为 120°，迅速将其放入冷水中降温，保持形状 10min，取出试样分为 A、B 两组，A 组常温放置 24h，测试其形状固定角度，B 组再次放入 90℃恒温箱中，观察待其不再回复后取出，测试其形状回复角度，采用 JEOL JSM-6390A 型扫描电子显微镜对所制备试样进行微观组织分析。

形状固定率计算公式如式(4-1)所示：

$$\omega_{f} = \frac{\theta_{f}}{\theta_{max}} \times 100\% \tag{4-1}$$

式中　$\omega_{f}$——形状固定率，%；

　　　$\theta_{f}$——折叠后一天试样所固定的角度，(°)；

　　　$\theta_{max}$——折叠弯曲的最大角度，(°)。

形状回复率计算如式(4-2)所示：

$$R_{r} = \frac{\theta_{fixed} - \theta_{final}}{\theta_{fixed}} \times 100\% \tag{4-2}$$

式中　$R_{r}$——形状固定率，%；

　　　$\theta_{fixed}$——折叠后的试样放置一天后所固定的角度，(°)；

　　　$\theta_{final}$——残余回复角，(°)。

当模压温度为 50℃和 60℃时，观察所制备的 SMPC 复合材料微观组织图可以发现，其中碳纤维与形状记忆基体分布不均匀，浸渗效果差，基体较少，如

图4-14所示。主要是因为当模压温度较低时，形状记忆聚合物基体中的树脂流动性差，其与碳纤维浸渗不充分。在此状态下进行模压制备SMPC复合材料，基体不能构成连续相，大多数纤维无树脂黏结独立分布，在进行形状记忆弯折时，没有树脂分布的纤维就会出现断裂现象，纤维与树脂无法有机结合发挥形状记忆效果，严重影响复合材料的形状记忆性能。

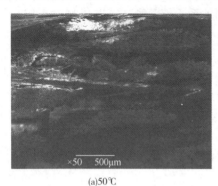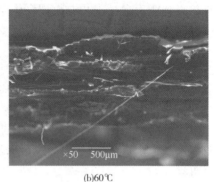

(a)50℃  (b)60℃

图4-14　SMPC复合材料浸渗微观组织

## 4.3.2　适宜模压温度

当模压温度升高到70℃时，在低放大倍数下观察其整体微观浸渗组织形貌，发现相比于50℃和60℃，碳纤维与形状记忆聚合物基体浸渗效果有了很大改善，碳纤维与基体结合较为紧密，如图4-15(a)所示。当进一步提高放大倍数进行观察，可以发现纤维与基体浸渗效果依旧良好，分布均匀，结合紧密，缺陷得到有效控制，如图4-15(b)所示。当进行形状记忆性能测试时，形状记忆聚合物基体能很好地对碳纤维的回复进行约束，从而提高了SMPC复合材料的形状记忆性能。

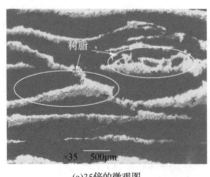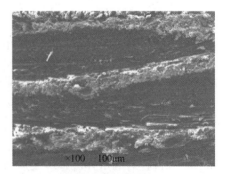

(a)35倍的微观图  (b)100倍的微观图

图4-15　70℃时SMPC复合材料浸渗微观组织

### 4.3.3　较高模压温度

当模压温度进一步提高至80℃时，低倍数下观察其整体微观组织形貌可以看出浸渗效果较为良好，如图4-16(a)。基体无明显集聚或短缺现象，当进一步提高放大倍数观察时，如图4-16(b)。发现虽然其纤维与基体分布较为均匀，但微观组织中存在细微裂纹，主要是由于模压温度较高，形状记忆聚合物基体中树脂固化速率加快，SMPC复合材料内部基体已经完成部分固化，继续进行模压时，已固化的基体会在薄弱部位产生裂纹，从而导致基体连续性变差。纤维与树脂很好地有机结合，因此形状记忆效果有所下降。

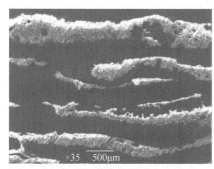 

(a)35倍的微观图　　　　　　　　　　(b)100倍的微观图

图4-16　80℃时SMPC复合材料浸渗微观组织

当模压温度进一步升高至90℃时，观察其微观组织浸渗图，可以发现形状记忆聚合物基体存在明显的间断情况，浸渗效果较70℃和80℃时下降较为明显，如图4-17。主要是由于随着温度进一步的提高，形状记忆聚合物中树脂固化速率继续加快，碳纤维与树脂基体之间还未充分浸渗，基体便已经大部分固化完成，此时尽管继续热压，但是浸渗效果不会有所改观，因此形状记忆性能继续下降。

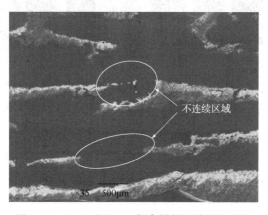

图4-17　90℃时SMPC复合材料浸渗微观组织

### 4.3.4 影响机理

根据公式(4-1)、式(4-2)分别计算不同模压温度下 SMPC 复合材料的形状固定率和回复率，试验数据及计算结果见表 4-3。

表 4-3　不同模压温度下 SMPC 复合材料的形状固定率和回复率

| 温度/℃ | 50 | 60 | 70 | 80 | 90 |
|---|---|---|---|---|---|
| 初始角度/(°) | 120 | 120 | 120 | 120 | 120 |
| 最终固定角度/(°) | 146.3 | 143.5 | 129.4 | 135.8 | 139.5 |
| 最终回复角度/(°) | 172.6 | 174.3 | 176.8 | 174.6 | 173.1 |
| 形状固定率/% | 56.2 | 60.8 | 84.3 | 73.7 | 67.5 |
| 形状回复率/% | 87.7 | 90.5 | 94.7 | 91.0 | 88.5 |

由表 4-3 数据，分别绘制不同模压温度下 SMPC 复合材料形状固定率和回复率柱状图，如图 4-18、图 4-19 所示。由图可知，模压温度过高或过低都不利于 SMPC 复合材料形状记忆性能的提升，当模压温度为 70℃ 时，SMPC 复合材料的形状记忆性能最佳，形状固定率为 84.3%，相比于 50℃ 时性能提高了 50%，形状回复率为 94.7%，相比于 50℃ 时性能提高了 8%，相比而言，模压温度对 SMPC 复合材料的形状固定率影响更大，因此在制备过程中不可忽略、应加以考虑。

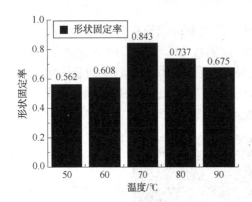

图 4-18　不同模压温度下 SMPC
形状固定率

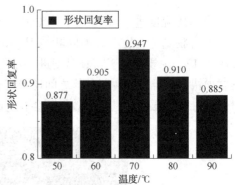

图 4-19　不同模压温度下 SMPC
形状回复率

采用压力浸渗工艺制备 SMPC 复合材料时，不同的模压温度会对复合材料的浸渗组织产生影响，而浸渗效果又会对复合材料形状记忆性能产生较大的影响，因此模压温度这一参数在制备 SMPC 复合材料时不可忽略。

SMPC 复合材料的形状记忆性能取决于形状记忆基体，当温度变化时，碳纤维的性能变化差异不大，而形状记忆基体会随温度发生转变，在高温时聚合物基体由玻璃态转变为橡胶态，此时将 SMPC 复合材料折弯，碳纤维的自身回复力大于聚合物基体对其的约束力，因此会出现一定程度的角度回复；当温度迅速降低，形状记忆聚合物基体由橡胶态转变为玻璃态，其对碳纤维的约束力大于碳纤维的自身回复力，此时保持形状固定；当温度再次升高时，SMPC 复合材料回复到初始形态。

当碳纤维与形状记忆聚合物基体浸渗效果差，结合不紧密内部存在裂纹等缺陷时，即使温度降低，基体也无法很好地约束碳纤维的回复，如图 4-20 所示，故而浸渗效果对 SMPC 复合材料的形状固定率影响很大，而在测定形状回复率时，温度升高，形状记忆聚合物基体软化，碳纤维自身的回复力较大，此时碳纤维与基体的浸渗效果对碳纤维的回复影响较小，因此，对于不同模压温度造成的浸渗效果差异，SMPC 复合材料形状固定率波动较形状回复率更大，所以，模压温度对于 SMPC 复合材料的形状固定率影响更大。

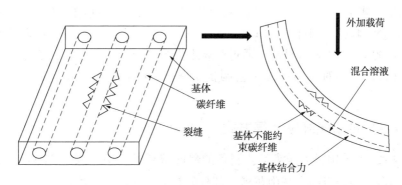

图 4-20　形状记忆过程中基体与碳纤维相互作用关系

总体来看，模压温度过高或过低时均不利于 SMPC 复合材料中碳纤维和形状记忆聚合物基体的充分浸渗、紧密结合，进而会影响其形状记忆过程中形状记忆聚合物对碳纤维的约束固定及回复，最终影响 SMPC 复合材料的形状记忆性能。当温度为 70℃时，复合材料浸渗效果最佳，碳纤维与形状记忆聚合物基体浸渗充分、分布均匀，结合紧密，形状记忆性能良好，其中形状固定率和形状回复率分别为 84.3% 和 94.7%，相比 50℃时的形状固定率、形状回复率分别提高了 50% 和 8.0%，以上结果表明模压温度对形状固定率有更大的影响。

# 4.4　二维碳纤维铺层方式对复合材料的影响

本节将介绍采用压力浸渗工艺制备六种不同铺层方式的 T700 $C_f$/E44 复合材料，所制备的复合材料宏观形貌良好，微观组织观察分析得到，浸渍效果较为理想，没有明显的孔洞和分层等制备缺陷，不同纤维铺层形式复合材料的微观组织形貌没有明显区别。为了区别所制备的6种复合材料，平行于和垂直于纤维轴向方向分别被命名为 $x$ 和 $y$ 方向，在每个复合材料中都铺设了5层碳纤维布，相邻纤维铺层的方向依次为 $yyyyy$、$xyyyy$、$xyxyy$、$xyxyx$、$xyxxx$ 和 $xxxxx$，在此基础上制备出6种复合材料。

对复合材料进行弯曲强度测试，六种复合材料的弯曲强度分别为63MPa、181MPa、340MPa、450MPa、650MPa 和955MPa，差异明显。观察分析其弯曲断口形貌，纤维被拔出，形成拔出空穴，其余的被拉断，断口参差不齐，断口形貌较为合理。说明在工艺和制备材料相同的情况下，与弯曲载荷受载方向相垂直铺层层数的多少是决定 T700 $C_f$/E44 复合材料弯曲强度大小的决定性因素。

碳纤维/环氧树脂复合材料的一个显著优势是其结构和功能具有可设计性，可根据制件受载情况在其相应方向铺放更多碳纤维，但铺层方式的不同会带来复合材料组织性能的显著差异，尽管在该方面一些学者已开展了一定研究，但针对新型模压成型工艺的纤维铺层影响研究还未见报道，纤维铺层对制备 T700 $C_f$/E44 复合材料的组织性能影响规律尚不清晰。基于此，本节将介绍六种不同铺层方式 T700 $C_f$/E44 复合材料，通过微观组织观察分析与复合材料的弯曲强度测试，揭示纤维铺层对压力浸渗工艺制备 T700 $C_f$/E44 复合材料弯曲强度的影响规律。

### 4.4.1 单向碳纤维铺层方式

图4-21为采用压力浸渗工艺制备的单向碳纤维铺层方式的 T700 $C_f$/E44 复合材料的浸渍微观组织。图中灰黑色部分的是碳纤维，白色的是树脂基体。对于碳纤维增强树脂基复合材料，当树脂基体浸渍充分、均匀性较好，且没有气孔和孔洞等缺陷时，碳纤维能够充分地发挥增强作用，基体能够较好地发挥传递载荷的作用，复合材料的性能会较为理想。

(a)$yyyyy$

(b)$xxxxx$

图4-21 单向铺层方式 T700 $C_f$/E44 复合材料的浸渍微观组织

由图 4-21(a)(b)可知，在两种铺层方式的复合材料中，树脂基体较多地分布在 T700 $C_f$/E44 复合材料中，浸渍的充分性较好，在复合材料中也未发现孔洞等组织缺陷。

复合材料弯曲断口形貌是判断碳纤维增强效果的重要依据，连续碳纤维增强复合材料受载断裂模式通常分为三种形式，分别为弱界面结合、适度界面结合和强界面结合，如图 4-22 所示。当界面结合强度较弱时，碳纤维与树脂基体会出现大面积脱黏，纤维不能充分发挥承载的作用，使得最终复合材料弯曲强度降低，如图 4-22(a)所示。当界面结合强度较强时，将使得碳纤维与树脂结合过于紧密，界面不能有效传递应力，导致裂纹沿垂直于碳纤维轴向方向扩展，出现脆性断裂特征——无碳纤维拔出现象，此种情况不利于复合材料弯曲强度提高，如图 4-22(c)所示。

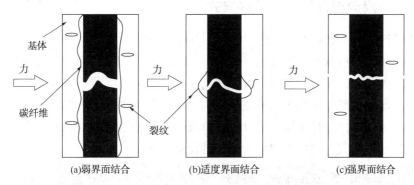

图 4-22　复合材料受载断裂模式

研究表明，复合材料的界面结合适中时，对于提升 T700 $C_f$/E44 复合材料的性能最有利，如图 4-22(b)所示。只有当碳纤维与树脂基体结合界面介于图 4-22(a)和图 4-22(c)之间、且部分纤维被拔出、部分纤维被拉断时，纤维才能有效地发挥增强作用及基体发挥传递载荷的作用，致使复合材料的性能得到较大幅度的提升。

图 4-23 中为两种不同复合材料的弯曲试样断口形貌，从图中可知，对于 *yyyyy* 型的 T700 $C_f$/E44 复合材料，由于弯曲载荷的加载方向与纤维的轴向相平行，因此纤维并没有断裂现象，只是出现了纤维束内碳纤维与碳纤维的分离情况，但是从图中还可以看到树脂基体已经较好地浸渍到了碳纤维的间隙中去，结合较为良好，说明浸渍效果较为理想。对于 *xxxxx* 型铺层方式的 T700 $C_f$/E44 复合材料，由于均存在弯曲载荷加载方向与碳纤维轴向相垂直的区域，观察其微观断口形貌中，如图 4-23(b)所示，能看到部分纤维被拔出，拔出之后形成了空穴，其余的碳纤维被拉断。

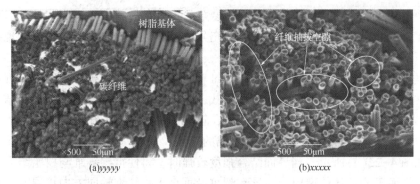

(a)yyyyy

(b)xxxxx

图 4-23  单向铺层 T700 $C_f$/E44 复合材料的弯曲断口形貌

## 4.4.2  双向混杂碳纤维铺层方式

图 4-24 为 $x$ 方向纤维与 $y$ 方向纤维混杂铺层制备的 T700 $C_f$/E44 复合材料的浸渍微观组织。可以观察到在 4 种纤维铺层方式的微观组织中未观察到明显的裂纹、孔隙等制备缺陷，且树脂分布区域较为均匀，与碳纤维结合情况良好，结合前一部分对单向碳纤维铺层方式的复合材料的浸渍微观组织分析得到，新型模压成型工艺制备 T700 $C_f$/E44 复合材料的浸渍效果与纤维铺层方式关系不大，不论是采用哪种铺层方式，均能获得较为理想的浸渍效果。

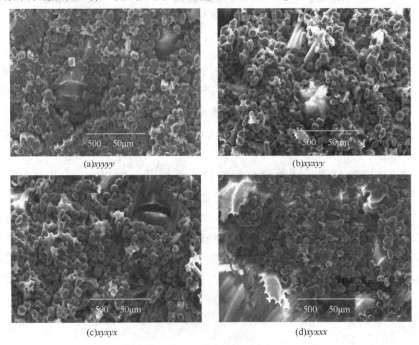

(a)xyyyy

(b)xyxyy

(c)xyxyx

(d)xyxxx

图 4-24  双向混杂铺层 T700 $C_f$/E44 复合材料的微观组织

图 4-25 中为 4 种不同复合材料的弯曲试样断口形貌，从图中可知，复合材料的断口形貌存在明显的参差不齐现象，如图 4-25(a)(c) 和 (d) 所示。但也有部分纤维拔出和受载拉断的情况，界面结合较好，受载断裂的截面中也可以看到有较多的白色树脂基体分布，如图 4-25(b)。这也进一步验证了在这几种复合材料中较为充分的浸渍效果。由此说明采用压力浸渗成型工艺制备的 6 种复合材料的弯曲断口形貌都较为理想。

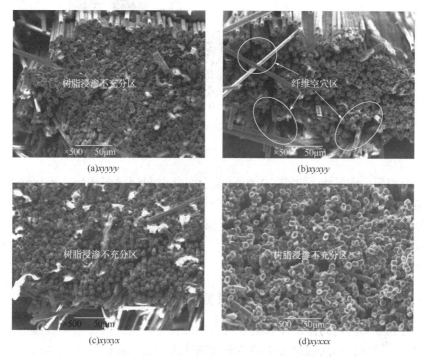

(a)*xyyyy*  (b)*xyxyy*  (c)*xyxyx*  (d)*xyxxx*

图 4-25  双向混杂铺层 T700 $C_f$/E44 复合材料的弯曲断口形貌

通过弯曲强度测试，得到 6 种 T700 $C_f$/E44 复合材料的弯曲强度分别为 63MPa、181MPa、340MPa、450MPa、650MPa 和 955MPa（表 4-4），可见当复合材料的铺层方式不同时，弯曲强度却有显著差异（图 4-26），且纤维铺层方式对复合材料的弯曲强度有重要的影响。由图 4-26 可知，6 种复合材料的弯曲强度值均不相同，且最小值和最大值之间相差 892MPa，*yyyyy* 型复合材料的弯曲强度仅有 63MPa，而 *xxxxx* 型复合材料的弯曲强度却可达到 955MPa。

表 4-4  不同铺层 T700 $C_f$/E44 复合材料的弯曲强度对比

| 铺层方式 | *yyyyy* | *xyyyy* | *xyxyy* | *xyxyx* | *xyxxx* | *xxxxx* |
|---|---|---|---|---|---|---|
| 弯曲强度/MPa | 63 | 181 | 340 | 450 | 650 | 955 |

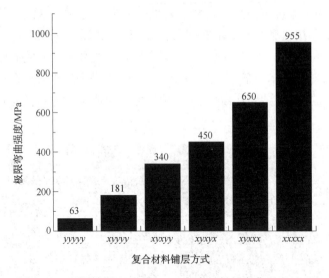

图 4-26　不同铺层 T700 $C_f$/E44 复合材料的弯曲强度对比

　　研究表明，碳纤维在 T700 $C_f$/E44 复合材料中起到增强作用，而树脂基体起到传递载荷作用，两者的良好结合才能获得高性能的复合材料，对于相同工艺制备的都含有 5 层碳纤维的复合材料，纤维体积分数应相差不大，但由于受到弯曲载荷时在载荷受载方向的纤维数量不同，会导致 T700 $C_f$/E44 复合材料的性能有明显差异。

### 4.4.3　不同铺层方式复合材料剪切强度仿真分析

　　抗剪强度和剪切韧性是反映复合材料构件在复合受力状态下承载能力及耗能能力的重要指标，不同铺层方式的单向玻璃纤维与短切玻璃纤维混杂增强复合材料层合板的层间剪切性能有明显差异。基于 Altair 公司 HyperWorks 商用有限元软件建立精确的复合材料层合板模型，数值模拟分析不同铺层方式复合材料层合板层间剪切性能。铺层材料对复合材料层合板层间剪切性能影响较大，铺层顺序对复合材料层合板的层间剪切性能影响较小。

　　玻璃纤维具有拉伸强度高、防火防霉、耐高温和电绝缘性好等一系列优异的性能，是目前使用量最大的一种增强纤维。由于测试条件和测试方法等限制，在进行复合材料力学性能测试时，剪切性能是最难进行试验测试的。

　　在过去的几十年里研究者们发展的剪切试验方法几十种，如 45° 拉伸法、V 开口轨道法、Iosipescu 法、短梁剪切法等。双切口剪切强度试验法是测量复合材料层合板层间剪切强度的一种有效方法，被广泛应用于表征树脂基纤维增强复合材料的层间失效强度测试方面。但是复合材料剪切试验受诸多试验条件的限制，许多学者利用有限元分析方法对其进行数值模拟计算。

本小节利用有限元分析软件，基于双切口拉伸剪切试验法讨论树脂基玻璃纤维增强复合材料层合板的层间剪切强度与铺层材料以及铺层顺序之间的关系。

1. 有限元建模及分析方法

Hyper Mesh 支持考虑铺层材料及其铺层顺序的定义方式，也就是 Ply+Stack 的复合材料铺层定义方式，把各个设计好的铺层按照特定的铺层次序层叠起来，形成完整的层合板。采用 Ply+Stack 顺序的建模技术，可以方便地对复合材料层合板进行建模和编辑、三维显示和铺层方向显示等。Altair 独有的基于铺层的复合材料建模方式，可以直观地显示复合材料的铺层形状、铺层顺序、材料方向等，其高效精确的求解技术使得复合材料层合板的有限元分析求解变得更加可视化，整体的分析流程如图 4-27 所示。模型的整体尺寸为 79.5mm×12.7mm×12.7mm，双切口详细尺寸如图 4-28 所示，复合材料的层间剪切性能由式（4-3）计算。

$$\tau = \frac{F}{\omega b} \tag{4-3}$$

式中　$F$——极限失效载荷，N；

　　　$\omega$——层合板宽度。mm；

　　　$b$——槽间距，mm。

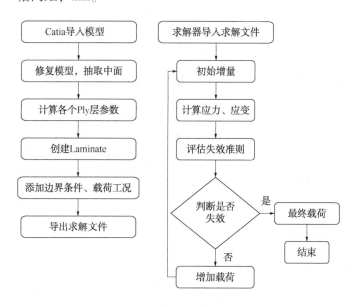

图 4-27　有限元分析求解步骤

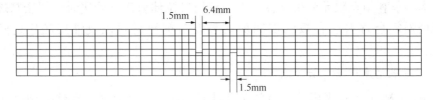

图 4-28　双切口剪切模型

本小节中所涉及的复合材料是短切玻璃纤维织物(以下简称：GF)和单向玻璃纤维(以下简称：UF)，有限元分析中所使用的复合材料层合板的 6 种有限元分析模型试件依次为记为 A、B、C、D、E 和 F，其中不同铺层材料的试件分别表示为 $U_5$(A)、$U_3G_2$(B)、$U_2G_3$(C、D、E)和 $G_5$(F)，U 代表单向玻璃纤维复合材料，G 代表短切玻璃纤维织物复合材料，下标数字表示层合板中 U 与 G 的层数。具体的层合板的铺层方式和铺层结构见表 4-5，有限元分析中使用到的详细材料参数见表 4-6、表 4-7。

表 4-5　玻璃纤维复合材料层合板铺层结构

| 试件编号 | 铺层材料 | 铺层结构 |
|---|---|---|
| A | $U_5$ | UF/UF/UF/UF/UF |
| B | $U_3G_2$ | UF/GF/UF/GF/UF |
| C | $U_2G_3$ | GF/UF/GF/UF/GF |
| D | $U_2G_3$ | UF/GF/GF/GF/UF |
| E | $U_2G_3$ | GF/UF/UF/GF/GF |
| F | $G_5$ | GF/GF/GF/GF/GF |

表 4-6　单向玻璃纤维复合材料单层板材料参数

| $E_1$/GPa | $E_2$/GPa | $G_{12}$/GPa | $V_{12}$ | $X_T$/MPa | $X_c$/MPa | $Y_T$/MPa | $Y_C$/MPa | $S_{12}$/MPa |
|---|---|---|---|---|---|---|---|---|
| 38.6 | 8.27 | 4.14 | 0.26 | 1062 | 610 | 31 | 18 | 72 |

表 4-7　短切玻璃纤维织物复合材料单层板材料参数

| $E_1$/GPa | $E_2$/GPa | $G_{12}$/GPa | $V_{12}$ | $X_T$/MPa | $X_c$/MPa | $Y_T$/MPa | $Y_C$/MPa | $S_{12}$/MPa |
|---|---|---|---|---|---|---|---|---|
| 23.1 | 6.87 | 1.8 | 0.25 | 442 | 337 | 442 | 337 | 40 |

**2. 复合材料失效准则**

Tsai-Wu 失效理论是复合材料经典的失效准则。Tsai 和 Wu 通过考虑空间应力中破坏面的存在性，修正了 Gol'denblat 和 Kopnov 提出的张量多项式理论，克服了 Tsai Hill 准则的缺点。具体的失效形式可用式(4-4)表示：

$$f_i\sigma_i + f_{ij}\sigma_i\sigma_j + f_{ijk}\sigma_i\sigma_j\sigma_k - 1 \geq 0 \tag{4-4}$$

式中　$f_i$——二阶强度张量系数;

　　　$f_{ij}$——四阶强度张量系数。

对于平面应力状态，$i$，$j$，$k=x$，$y$，$s$，且复合材料层合板中取张量多项式的前两项，将所有多项式展开以后进行计算，则 Tsai-Wu 判据可写成式(4-5)。

$$f_x\sigma_x+f_y\sigma_y+f_{xx}\sigma_x^2+f_{yy}\sigma_y^2+f_{ss}\tau_{xy}^2+2f_{xy}\sigma_x\sigma_y-1\geqslant0 \qquad (4-5)$$

Tsai-Wu 判据可以用来预估复合层的失效，式中强度张量系数的表达式如式(4-6)~式(4-11)所示:

$$f_x=\frac{1}{\sigma_{XT}}-\frac{1}{\sigma_{XC}} \qquad (4-6)$$

$$f_{xx}=\frac{1}{\sigma_{XT}\sigma_{XC}} \qquad (4-7)$$

横向强度系数:

$$f_y=\frac{1}{\sigma_{YT}}-\frac{1}{\sigma_{YC}} \qquad (4-8)$$

$$f_{yy}=\frac{1}{\sigma_{YT}\sigma_{YC}} \qquad (4-9)$$

抗剪强度系数:

$$f_{ss}=\frac{1}{\tau_{xy}^2} \qquad (4-10)$$

相互作用系数:

$$f_{xy}=-\frac{1}{2}\sqrt{f_{xx}f_{yy}} \qquad (4-11)$$

3. 剪切分析

1) 剪切性能分析

通过有限元分析软件计算的位移-载荷曲线，如图4-29所示。通过有限元分析结果观察，铺层方式为 $U_5$ 的试件层间破坏载荷要远高于其他铺层结构的试件，而相反铺层方式为 $G_5$ 的层合板试件则表现出相对较差的层间失效行为。铺层为 $U_5$ 的试件极限载荷明显高于其他五种试件，造成区别的主要原因是单向玻璃纤维的剪切强度高于短切玻璃纤维。从图4-29可以看出，试件编号 A 位移-载荷曲线到达最高点后便开始下降，不同于其他五种铺层方式，主要原因是短切玻璃纤维在承受最大失效载荷后，大部分受力区域已经发生剪切破坏，但仍然有小部分短切玻璃纤维丝彼此相连，并在后续的拉力下仍然还能承受相应的载荷。

如图4-30所示为六组玻璃纤维复合材料分析试件的剪切强度值。从图中可以看出，铺层方式为 UF/UF/UF/UF/UF 的复合材料剪切强度值达到最高的41.55MPa，而铺层方式为 GF/GF/GF/GF/GF 的复合材料剪切强度为最低的20.71MPa。

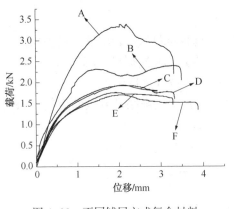

图 4-29 不同铺层方式复合材料
位移-载荷曲线

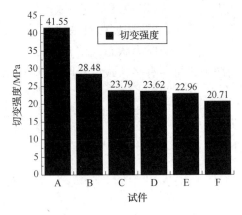

图 4-30 不同铺层方式复合
材料剪切强度值

图 4-31 为不同铺层材料与铺层顺序分别对玻璃纤维复合材料剪切强度的影响趋势。从图中可以看出，随着玻璃纤维复合材料层合板中单向玻璃纤维层数的减少，铺层材料为 $U_5$(A)、$U_3G_2$(B)、$U_2G_3$(C、D、E)和 $G_5$(F)的分析试件剪切强度逐渐减小，最高为 41.55MPa，最低为 20.71MPa，说明铺层材料对复合材料层合板的层间剪切强度影响较大。此外，铺层材料为 $U_2G_3$(C、D、E)的三组试件，剪切强度值分别为 23.79MPa、23.62MPa 和 22.96MPa，三组试件剪切强度基本相同，说明铺层顺序对复合材料层合板的层间剪切强度影响较小。

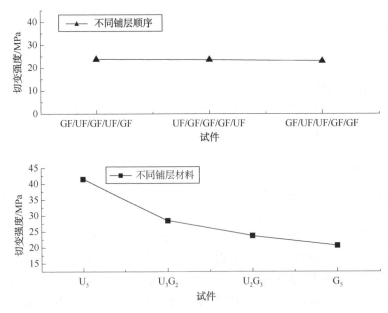

图 4-31 铺层材料与铺层顺序对剪切强度的影响

2) 剪切失效断口形貌

不同铺层方式玻璃纤维复合材料拉剪失效断口形貌如图 4-32 所示。从图中可以看出，六组分析试件的拉剪失效断口形貌基本相同，都是在两个切口之间形成断口并向切口外侧呈 45°方向延伸。铺层方式为 UF/UF/UF/UF/UF 的 A 组试件失效断口较大，而且在切口外侧 45°方向形成贯通裂纹，而铺层方式为 GF/GF/GF/GF/GF 的 F 组试件失效断口较小，只是在两个切口之间形成裂纹。

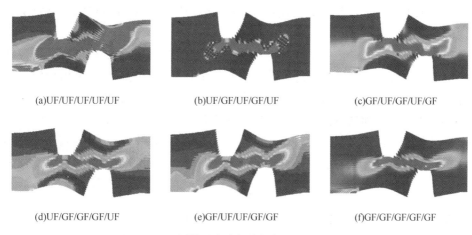

(a)UF/UF/UF/UF/UF  (b)UF/GF/UF/GF/UF  (c)GF/UF/GF/UF/GF

(d)UF/GF/GF/GF/UF  (e)GF/UF/UF/GF/GF  (f)GF/GF/GF/GF/GF

图 4-32 不同铺层方式复合材料的剪切断口形貌

本小节讨论了基于 Tsai-Wu 失效理论结合双切口拉剪试验方法对不同铺层方式玻璃纤维复合材料层合板层间剪切强度进行数值模拟。不同的铺层材料对复合材料层合板层间剪切性能影响较大，不同的铺层顺序对复合材料层合板的层间剪切性能影响较小，而不同铺层方式玻璃纤维复合材料层合板的失效断口形貌基本相同。

无论是飞机中的侧副翼、方向舵和扰流板，还是运载火箭和航天器上固体发动机壳，本小节使用的数值建模方法和铺层研究方法可为玻璃纤维复合材料在航空航天领域的推广应用研究提供重要的参考依据。

# 4.5 三维碳纤维复合材料制备及其组织性能

碳纤维增强树脂基复合材料已经得到人们越来越多的重视和关注，目前研究较多的是一维和二维的碳纤维增强树脂基复合材料，这只能保证材料或者构件在单个方向或者平面内受载能力较强，但结构件在受载时往往受到多向载荷的作用，因此非常有必要对三维碳纤维（3D-$C_f$）增强树脂基复合材料开展深入研究。

采用压力浸渗成型工艺制备 3D-C$_f$ 增强树脂基复合材料，在微观组织中，树脂分布较为充分均匀，浸渗组织良好，没有明显的孔洞和分层等制备缺陷。分别沿垂直于纤维层厚度方向和平行于纤维层厚度方向进行压缩性能测试，复合材料的压缩强度分别达到 374MPa 和 262MPa，差异明显，前者比后者高 42.7%。两者的压缩失效行为存在显著差异，前者主要为纤维层压溃变形，后者主要表现为纤维层褶皱和断裂失效，后者的破坏程度大于前者，因此其压缩强度低于前者。可见，纤维织物结构分布和受载方向对 3D-C$_f$ 增强树脂基复合材料的压缩强度有重要的影响。

对于 3D-C$_f$ 增强树脂基复合材料来说，除了有层合的纤维层以外，在层合纤维层的厚度方向也有纤维束，纤维分布致密复杂，工艺控制不当极易出现浸渗不充分、孔洞和分层等制备缺陷，这就要在传统压力浸渗工艺的基础上增加真空装置，提前排出纤维预制件内的气体杂质，为制备浸渗充分均匀的 3D-C$_f$ 增强树脂基复合材料提供保障。本节通过讨论不同受载方向下 3D-C$_f$ 增强树脂基复合材料的组织性能，以及受载时的失效形式，揭示 3D-C$_f$ 增强树脂基复合材料的受载失效机制。

### 4.5.1 垂直于纤维层方向压缩失效机理

制备的 3D-C$_f$ 增强树脂基复合材料宏观形貌良好，对其进行微观组织观察分析如图 4-33 所示，图中黑色部分为碳纤维，白色部分为浸渗的树脂。由图 4-33(a) 可知，三维编织的碳纤维织物的总体结构良好，有大量的树脂分布在碳纤维复合材料中，浸渗较为充分，未发现明显的孔洞和分层等制备缺陷。图 4-33(b) 中进一步对复合材料进行深入的浸渗组织观察分析可知，树脂的浸渗较为充分均匀，浸渗缺陷得到了较好的控制。

 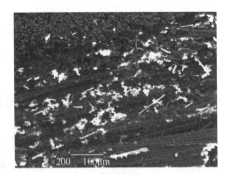

(a)浸渗组织      (b)浸渗组织

图 4-33 3D-C$_f$ 增强树脂基复合材料浸渗微观组织

复合材料垂直于纤维层压缩失效的微观结构如图 4-34 所示，由图可知，在该种受载方向下，复合材料中的纤维层被压溃和变形，原因是在复合材料中存在着结构的承载薄弱区域，当受到压缩载荷时，这部分先被压溃和破坏，因此复合材料的内部结构出现了如图 4-40(a)中的压溃和变形缺陷。

(a)纤维层压溃          (b)纤维层变形

图 4-34   3D-$C_f$增强树脂基复合材料垂直于纤维层压缩失效微观结构

采用万能试验机，对制备的 3D-$C_f$增强树脂基复合材料进行压缩强度测试。按照 GBT 1448—2005 标准，压缩强度测试计算时可按照式(4-12)~式(4-14)进行。

$$\sigma_c = \frac{P}{F} \tag{4-12}$$

对于长方体试样：

$$F = b \cdot d \tag{4-13}$$

对于圆柱体试样：

$$F = \frac{\pi}{4} D^2 \tag{4-14}$$

式中   $\sigma_c$——压缩应力(压缩屈服应力、压缩断裂应力或压缩强度)，MPa；

      $P$——屈服载荷、破坏载荷及最大载荷，N；

      $F$——试样横截面积，mm²；

      $b$——试样宽度，mm；

      $d$——试样厚度，mm；

      $D$——试样直径，mm；

本书中采用的是长方体试样，因此采用的是式(4-12)和式(4-13)计算求解。先按照图 4-35 所示的加载方式测试垂直于纤维层方向复合材料的压缩强度，得到复合材料的压缩强度 374MPa。

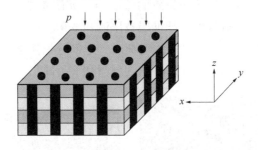

图 4-35　3D-C$_f$增强树脂基复合材料垂直于纤维层方向压缩性能测试

## 4.5.2　平行于纤维层方向压缩失效机理

复合材料平行于纤维层压缩失效的微观结构如图 4-36 所示。该种受载形式下 3D-C$_f$增强树脂基复合材料的承载主要依靠纤维层之间的层间结合力，这部分承载能力主要来源于纤维层之间的树脂以及纤维织物厚度方向的纤维束，因树脂的承载能力有限，且厚度方向的纤维束明显少于纤维层内纤维，因此与垂直于纤维层方向受载的压缩测试相比，复合材料更容易被压缩失效。且纤维层在受压时容易发生褶皱和变形现象，局部区域还会出现开裂和纤维层的断裂现象，机理如图 4-39(b)所示。观察微观结构图可知，图 4-36 中复合材料的压缩破坏程度要明显大于图 4-34，因此在该形式下复合材料的压缩强度较低。

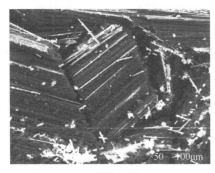

(a)纤维层折断　　　　　　　　　　　(b)纤维层变形和褶皱

图 4-36　3D-C$_f$增强树脂基复合材料平行于纤维层压缩失效微观结构

由以上分析可知，纤维织物结构分布和受载方向对 3D-C$_f$增强树脂基复合材料的压缩强度有重要的影响，这是复合材料的设计和制备重点考虑因素。

按照图 4-37 所示的加载方式测试平行于纤维层方向复合材料的压缩强度，其值为 262MPa，其力位移曲线如图 4-38。可见在两个方向上的压缩强度差异明显，垂直于纤维层方向比平行于纤维层方向的压缩强度高 42.7%。在相同 3D-C$_f$ 增强树脂基复合材料上取样测试强度，差异明显，这主要是复合材料的纤维内部分布结构决定的。

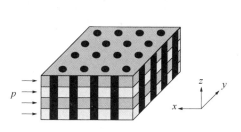

图 4-37　3D-C$_f$ 增强树脂基复合材料平行于纤维层方向压缩性能测试方向

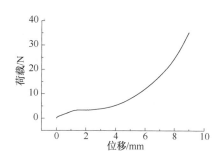

图 4-38　3D-C$_f$ 增强树脂基复合材料平行于纤维层方向压缩性能测试力位移曲线

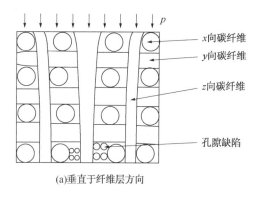

(a)垂直于纤维层方向

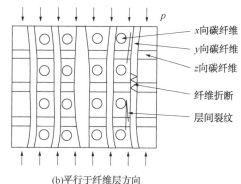

(b)平行于纤维层方向

图 4-39　3D-C$_f$ 增强树脂基复合材料沿不同纤维层方向压缩失效机理图

　　本节主要分析了采用压力浸渗成型工艺制备 3D-C$_f$ 增强树脂基复合材料，复合材料树脂分布较为充分均匀，没有明显的孔洞和分层等制备缺陷，浸渗组织良好。分别对制备的 3D-C$_f$ 增强树脂基复合材料纤维层厚度平行方向和纤维层厚度垂直方向进行压缩性能测试，可知复合材料的压缩强度分别达到 262MPa 和 374MPa，差异明显，后者比前者高 42.7%。

　　观察分析了两种测试方式下复合材料的压缩失效行为，发现失效形式存在显著差异，前者主要为纤维层压溃变形，后者主要表现为纤维层褶皱和断裂失效，后者的破坏程度大于前者，因此其压缩强度低于前者。纤维织物结构分布和受载方向对复合材料的压缩强度有重要的影响。

　　本节采用压力浸渗成型工艺可以制备 3D-C$_f$ 增强树脂基复合材料，所得复合材料树脂分布较为充分均匀，未发现明显的孔洞和分层等制备缺陷，浸渗组织良好。分别对制备的 3D-$C_f$ 增强树脂基复合材料纤维层厚度平行方向和纤维层厚度垂直方向进行压缩性能测试，复合材料的压缩强度分别达到 262MPa 和 374MPa，差异明显，后者比前者高 42.7%。观察分析两种测试方式下复合材料的压缩失效行为，发现失效形式存在显著差异，前者主要为纤维层压溃变形，后者主要表现为纤维层褶皱和断裂失效，后者的破坏程度大于前者，因此其压缩强度低于前者。纤维织物结构分布和受载方向对复合材料的压缩强度有重要的影响。

# 第 5 章 压力浸渗制备纤维/颗粒 混杂复合材料

## 5.1 热膨胀对纤维增强复合材料的影响

### 5.1.1 纤维增强复合材料的热膨胀行为

研究发现，复合材料的热膨胀是各相材料综合作用的结果，在温度变化时复合材料的尺寸变化与纤维及基体之间的应力如图 5-1 所示。通过图 5-1 可以看出复合材料的热膨胀行为大致可以分为 4 个阶段。

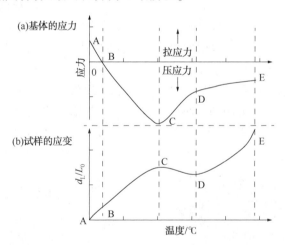

图 5-1　复合材料热膨胀过程中应力和应变示意图

第一阶段 A→B：纤维增强复合材料制备完成后，其内部基体在初始状态受到拉应力，碳纤维受到压应力，如图 5-1 中 A 点处。随着温度的升高基体逐渐膨胀，在此过程中纤维收到的压应力慢慢释放会随着基体一起膨胀。因此，复合材料尺寸变化会出现一个快速变化过程，如图 5-1 中 A→B 阶段。

第二阶段 B→C：当温度继续升高至 B 点时，纤维恢复原始尺寸，不受任何应力作用。当温度高于 B 点温度后，随着温度的升高纤维在轴向负膨胀的作用下会变短变粗，此时纤维会抑制基体膨胀。由于纤维的收缩量小于基体的膨胀量，从而使复合材料试样的 $d_L/L_0$ 出现一个稳定增大的过程，如图 5-1 中 B→C 阶段。

第三阶段 C→D：当热压缩应力达到基体的屈服强度时，基体将在压应力的作用下，发生压缩屈服变形。另一方面，基体受到温度的影响而发生膨胀，二者相互作用的结果是压缩变形量与部分热膨胀量相互抵消，使得纤维增强复合材料的 $d_L/L_0$ 逐渐减小，如图 5-1 中 C→D 阶段。

第四阶段 D→E：当温度继续升高，产生的热应力会超过界面剪切强度，此时会发生界面开裂，从而导致纤维对基体的约束力降低，纤维增强复合材料 $d_L/L_0$ 又会出现一定量的升高，如图 5-1 中阶段 D→E。

### 5.1.2 热膨胀对复合材料的不利影响及其影响因素

1. 热膨胀对纤维增强复合材料的不利影响

通过上一节对纤维增强复合材料的热膨胀行为分析可以发现，在温度变化的过程中复合材料内部纤维和基体之间会因热膨胀系数不一致产生相应的应力变化。复合材料的纤维和基体不同的热膨胀系数常常会引发界面开裂的问题。

以纤维增强镁基复合材料为例，在温度变化时，具有连续性且负膨胀的碳纤维会抑制合金的变形，致使纤维与合金的界面处产生热应力。当热应力超过基体与纤维之间的结合强度时，将引发界面处基体的晶格畸变以及界面滑移，并导致空位和微裂纹的产生，从而引发应力松弛，最终结果是使复合材料在升温过程中沿纤维方向(尤其是在纤维端部)发生损伤及剥落现象，如图 5-2 所示。

此外，受纤维排布方向的影响，纤维铺层的热膨胀也具有一定的方向性(沿纤维方向热膨胀系数基本接近 0，而垂直方向却与镁合金相似)，层合镁基复合材料还会因铺层之间热膨胀系数差异巨大而引发层间开裂，如图 5-3 所示。

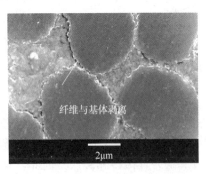

图 5-2 温度变化引起的纤维剥离损伤

图 5-3 温度变化引起的层间开裂损伤

2. 复合材料热膨胀的影响因素

1) 纤维与基体的影响

单向复合材料纵向热膨胀系数均与增强纤维的轴向热膨胀系数和树脂基体的

热膨胀系数有关。不过纤维比树脂基体对复合材料热膨胀性能所产生的影响要大。纤维相同、基体不同的复合材料的热膨胀系数是有差异的（表5-1）。表中F-C、B-C、E-C分别为3种不同类型树脂基体的碳纤维复合材料，可以看出，F-C的CTE值比B-C与E-C的要大，前者为正值，而后两者则为负值，这虽然与其各自的纤维体积含量有关，但也说明了基体对复合材料热膨胀特性的影响。

表5-1　单一纤维复合材料热膨胀系数

| 层板编号 | $\alpha_L/(10^{-6}/K)$ | | | | | | |
| --- | --- | --- | --- | --- | --- | --- | --- |
| | 40℃ | 60℃ | 80℃ | 100℃ | 120℃ | 140℃ | 150℃ |
| F-G-1 | 5.73 | 6.04 | 6.02 | 5.97 | 5.94 | 5.49 | 5.33 |
| F-K-2 | — | — | −2.30 | −2.55 | −2.85 | −3.09 | −3.24 |
| F-C-3 | — | — | 0.02 | 0.09 | 0.07 | 0.11 | 0.12 |
| B-G-12 | 4.79 | 4.58 | 4.85 | 5.00 | 5.21 | 5.24 | 5.26 |
| B-C-13 | −0.29 | −0.27 | −0.22 | −0.20 | −0.18 | −0.17 | −0.17 |
| E-K-24 | −0.29 | −2.81 | −3.04 | −3.25 | −3.78 | −4.08 | −4.19 |
| E-C-25 | | 0.01 | −0.02 | −0.25 | −0.40 | −0.42 | −0.41 |

注：F、B、E分别代表酚醛环氧、双马来酰亚胺与双酚A环氧树脂基体；G、K、C分别代表玻璃纤维、Kevlar纤维与碳纤维复合材料。

2）混杂比的影响

混杂比对混杂复合的热膨胀系数的影响是很大的（表5-2）。混杂复合材料的热膨胀系数均在两种单一纤维复合材料之间，并随某一纤维含量的增加，其热膨胀系数接近这种纤维增强的复合材料的值。例如，$C_f/K_f$混杂，Kevlar含量越高，混杂复合材料热膨胀系数负得越大，越接近KFRP的值。$C_f/G_f$混杂，玻璃纤维含量越高，热膨胀系数值越接近GFRP的值。因为在混杂复合材料中，某种纤维的含量越高，其影响作用就越大。

表5-2　单向混杂复合材料纵向热膨胀系数

| 层板编号 | 混杂比/% | $\alpha_L/(10^{-5}/K)$ | | | | | | |
| --- | --- | --- | --- | --- | --- | --- | --- | --- |
| | | 40 | 60 | 80 | 100 | 120 | 140 | 150 |
| F-C/K-4 | 26.1 | −0.24 | −0.61 | −1.20 | −1.67 | −2.26 | −2.67 | −2.78 |
| F-C/K-6 | 49.5 | −0.08 | −0.69 | −1.12 | −1.44 | −1.82 | −2.02 | −2.10 |
| F-C/K-7 | 80.5 | −0.21 | −0.31 | −0.35 | −0.47 | −0.58 | −0.78 | −0.98 |
| F-C/G-8 | 15.0 | 3.38 | 3.52 | 3.41 | 3.46 | 3.32 | 3.16 | 3.13 |
| F-C/G-9 | 39.8 | — | — | 1.83 | 1.84 | 1.85 | 1.82 | 1.81 |
| F-C/G-10 | 78.8 | 0.25 | 0.35 | 0.44 | 0.55 | 0.61 | 0.57 | 0.56 |
| B-C/G-15 | 34.3 | — | — | 1.60 | 1.62 | 1.64 | 1.68 | 1.70 |

| 层板编号 | 混杂比/% | $\alpha_L/(10^{-5}/K)$ | | | | | | |
|---|---|---|---|---|---|---|---|---|
| | | 40 | 60 | 80 | 100 | 120 | 140 | 150 |
| B-C/G-16 | 67.6 | -0.05 | -0.35 | 0.45 | 0.46 | 0.50 | 0.49 | 0.48 |
| B-C/G-17 | 51.1 | — | — | 1.65 | 1.71 | 1.75 | 1.77 | 1.78 |
| E-C/G-18 | 51.7 | 0.59 | 0.98 | 0.98 | 0.78 | 0.64 | 0.76 | 0.82 |
| E-C/G-19 | 51.7 | 0.24 | 0.62 | 0.64 | 0.65 | 0.45 | 0.42 | 0.41 |
| E-C/K-20 | 48.2 | | | -0.30 | -0.29 | -0.27 | -0.34 | -0.41 |
| E-C/K-21 | 48.2 | — | | -0.32 | -0.35 | -0.39 | -0.45 | -0.51 |
| E-C/K-22 | 48.2 | | | -0.58 | -0.63 | -0.71 | -0.85 | -0.93 |

3）混杂界面数的影响

混杂界面数是反映混杂复合材料铺层形式的一个参量。在混杂比相同的情况下，混杂复合材料的热膨胀系数与混杂界面数有关。对于 $C_f/G_f$ 混杂复合材料来说，混杂界面数多的，其热膨胀系数较大。混杂复合材料的热膨胀系数直接受热膨胀系数绝对值大的复合材料的影响，混杂界面数越多，这种影响越明显。

4）铺层顺序的影响

铺层顺序是指两种纤维在铺层中的相对位置。在其他条件相同的情况下，对于 $C_f/K_f$ 混杂复合材料，KFRP 为表层、CFRP 为芯层时的热膨胀系数比两者位置相反时的值低，即 $[O_{4k}/O_{4c}]_s$ 热膨胀系数要比 $[O_{4k}/O_{4c}]_s$ 的热膨胀系数更接近于零。当 $C_f/G_f$ 混杂时，GFRP 在表层、碳纤维在芯层时的热膨胀系数比相反顺序铺层时所得到的热膨胀系数低，即 $[O_{4k}/O_{4c}]_s$ 比 $[O_{4k}/O_{4c}]_s$ 热膨胀系数低。

### 5.1.3 纤维增强复合材料热膨胀的调控方法

1. 利用添加负膨胀颗粒的方法调控材料的热膨胀

自然界中绝大多数材料均具有正的热膨胀系数，但是少数陶瓷、氧化物、铁电和铁磁材料等具有违反常规的低或热膨胀系数。吴伟萍在其论文中对造成这些材料负热膨胀几种原理进行了总结分析。最为主要原因有三种：①桥原子的横向热振动；②多面体相互之间耦合旋转；③材料内部存在的微裂纹和间隙。因此，研究者们利用这些具有负膨胀特性的材料作为填料，添加到具有正膨胀系数的材料中制成复合材料，利用不同材料热膨胀的互补效应，调控材料的热膨胀。

典型的负膨胀填料有氧化物陶瓷和纳米级碳材料两大类，其中氧化物陶瓷类有以 $ZrV_2O_7$ 为代表的 $AM_2O_7$ 系列；以 $ZrW_2O_8$ 为代表的 $AM_2O_8$ 系列；以 $Sc_2W_3O_{12}$ 为代表的稀土钨酸盐和稀土钼酸盐系列。纳米碳材料类主要有纳米石墨、碳纳米管、石墨烯等。文献报道了以负膨胀颗粒作为添加相，以金属（铝、铜、钛等）、陶瓷、高分子树脂等作为基体的低/负膨胀复合材料，其中 Liu 等制备的 Al-$Zr_2(WO_4)(PO_4)_2$热膨胀系数可达$-2.74\times10^{-6}/℃$。根据 Alamusi 的研究，当碳纳米管的质量分数为 1.0% 和 3.0% 时，环氧树脂的热变形速率分别降低 25% 和 35%。石墨纳米片和石墨烯等其他纳米级碳材料也可以降低材料的热膨胀系数。

但是利用添加负膨胀颗粒的方法调控材料的热膨胀，对复合材料热膨胀的调控强烈依赖于非连续性负膨胀颗粒的加入量，但是过度加入负膨胀颗粒会使得复合材料强度降低，密度增大，难以满足工程领域对材料轻质、高强的需求。此外，基体与增强相迥异的热膨胀系数极易导致界面发生热失配，应变/应力从内部萌生裂纹造成过早的失效。

### 2. 利用纤维轴向负膨胀特性调控材料的热膨胀

碳纤维、Kevlar 纤维等沿纤维轴向具有负的热膨胀系数，如与具有正的热膨胀系数的纤维混杂，可得到预定热膨胀系数的复合材料，甚至为"零膨胀系数"材料，这种材料对一些飞机、卫星、高精度设备、计量和精密仪器的构件非常重要。有资料表明，它可在温差 250℃ 的温度范围内保持良好的尺寸稳定性。用它做成型模具有两大特点，一是可利用碳纤维导电性使模具发热以提高固化均匀性及固化速度，二是模具在一定温度范围内尺寸稳定，可保证成型产品的精度和产品质量，由于混杂纤维复合材料设计自由度大，改变纤维、混杂比、界面数与铺层角度等可得到不同膨胀系数的混杂纤维复合材料，掌握这些因素对混杂复合材料的热膨胀系数的影响规律，可依据材料热膨胀系数做到可控设计。

优化纤维排布的方法虽然实现了复合材料低/负热膨胀设计，但是该方法并没有减缓复合材料内部纤维与基体之间的热膨胀差异，而是利用不同铺层相互制约，实现了复合材料整体的热膨胀调控。因此，温度变化时，具有连续性且轴向负膨胀的纤维会抑制基体的变形，致使纤维与基体的界面处产生热应力。宋美慧研究发现当热应力超过基体与纤维之间的结合强度时，将引发界面处基体的晶格畸变以及界面滑移，并导致空位和微裂纹的产生，从而引发应力松弛，最终结果使复合材料在升温过程中沿纤维方向(尤其是在纤维端部)发生损伤及剥落现象。

## 5.2 纤维/颗粒混杂复合材料制备

### 5.2.1 实验材料

制备 $ZrW_2O_8$-$C_f$/E51 复合材料的主要原材料有：连续性碳纤维(体积分数约为 30%)、负膨胀颗粒(质量分数约为 9%)、环氧树脂、稀释剂、固化剂。其中碳纤维选用 T700-12K 无纬布，性能见表 5-3；负膨胀颗粒选用 D50 $ZrW_2O_8$ 颗粒，颗粒纯度为 99.78%，平均直径为 0.48μm，具体成分见表 5-4；环氧树脂和固化剂选用的是 E51 环氧树脂和 593 固化剂；稀释剂选用无水乙醇。

表 5-3　T700 碳纤维性能参数

| $E_L$/GPa | $E_T$/GPa | $\alpha_L$/($10^{-6}$/℃) | $\alpha_T$/($10^{-6}$/℃) | $v$ |
|---|---|---|---|---|
| 230 | 8.2 | −0.83 | 10 | 0.25 |

表 5-4　$ZrW_2O_8$ 颗粒的化学成分　　　单位:%(质量分数)

| Al | K | Ca | Fe | Ni | Cu | Hf |
|---|---|---|---|---|---|---|
| 0.058 | 0.014 | 0.053 | 0.013 | 0.018 | 0.023 | 0.35 |

## 5.2.2　工艺流程

$ZrW_2O_8$-$C_f$/E51 复合材料采用模压工艺制备，工艺流程大致可以分为两个部分：$ZrW_2O_8$/E51 悬浊液制备和碳纤维浸渗与压力固化，具体如图 5-4 所示。

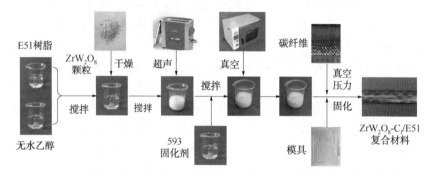

图 5-4　$ZrW_2O_8$-$C_f$/E51 复合材料制备工艺流程

1. $ZrW_2O_8$/E51 悬浊液制备

由于纳米级颗粒，在潮湿环境中颗粒之间容易形成液桥，造成颗粒之间的团聚或分散困难。所以首先将 $ZrW_2O_8$ 颗粒放入真空干燥箱中烘干 0.5h(100℃)，破坏颗粒间的液桥，便于颗粒分散。然后，将冷却至室温的颗粒放入无水乙醇中，机械搅拌 2~10min。将 E51 树脂加入无水乙醇和颗粒的混合物中，继续搅拌 2~10min。将搅拌均匀的悬浊液放入超声清洗机中超声振动 5~20min(功率为 60W，频率为 25kHz)。超声完成后，加入 593 固化剂，搅拌 2~10min。最后，放入真空干燥箱内真空除泡，完成悬浊液制备。

2. $ZrW_2O_8$-$C_f$/E51 复合材料制备

将裁剪好的 T700 无纬布放入悬浊液中揉搓均匀，使悬浊液充分浸润 T700 无纬布。去除无纬布上多余的悬浊液后按照设定的叠层方式(本工作采用单向叠层方式)置于模具内。在叠层过程中无纬布层与层之间均匀的涂刷一层悬浊液，然后将模具与完成叠层的复合材料一起放入真空干燥箱内真空除泡。除泡完成后将模具加压，直至 $ZrW_2O_8$-$C_f$/E51 复合材料完全固化。

### 5.2.3　$ZrW_2O_8$-$C_f$/E51 复合材料的热膨胀与拉伸强度

通过实验我们发现在进行试样的制备时，当树脂、稀释剂和固化剂的配比为 5：1：1 时，树脂的固化时间和黏度均有利于复合材料的制备。在加入 9% 的 $ZrW_2O_8$ 颗粒后，利用 15min 的机械搅拌时间、15min 的超声振动时间和 3min 的真空消泡时间，可以得到较为理想的 $ZrW_2O_8$-$C_f$/E51 复合材料。图 5-5 显示了由这些参数制备的 $ZrW_2O_8$-$C_f$/E51 复合材料的微观组织。图 5-5(a) 显示纤维和颗粒分布均匀。树脂和纤维之间没有明显的孔隙。此外，没有大量的粒子聚集或沉降。图 5-5(b) 表明 $ZrW_2O_8$ 颗粒可以进入纤维束之间的间隙。图 5-5(c) 表明纤维与树脂的界面结合良好，颗粒可以嵌入到纤维之间的树脂中。

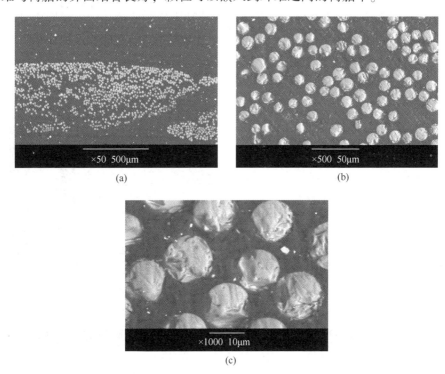

(a)　　　　　　　　　　　　　(b)

(c)

图 5-5　无缺陷的 $ZrW_2O_8$-$C_f$/E51 复合材料

加入 9% 的 $ZrW_2O_8$ 颗粒后试样的 CTE 为 $56.0 \times 10^{-6}$/℃，与纯树脂试样相比降低了约 23%。$ZrW_2O_8$ 颗粒加入后，树脂温度降低的原因主要有两个：一是 $ZrW_2O_8$ 颗粒具有负膨胀效应，在基体树脂膨胀时颗粒会收缩，抵消了一部分树脂膨胀量，使得试样的热膨胀系数降低；二是 $ZrW_2O_8$ 颗粒加入后与环氧树脂基体结合紧密，有效限制了基体树脂的变形。$ZrW_2O_8$颗粒属于陶瓷颗粒，其自身强度和刚度要远大于基体树脂，因此在基体树脂受热膨胀的时候$ZrW_2O_8$颗粒可有效防止基体的热膨胀，从而使得颗粒加入后试样的热膨胀系数降低。

图5-6还表明，纤维加入后试样的热膨胀系数约为$8.0×10^{-6}/℃$，随着碳纤维的加入而降低。主要原因是碳纤维在轴向上具有负热膨胀特性引起的，同样也存在一定的纤维牵制基体变形的因素。碳纤维是一种轴向负膨胀纤维，即在受热后纤维会变短变粗，并且碳纤维在复合材料内部是以连续态存在的，所以在沿纤维方向上试样的热膨胀受到纤维的作用而大幅度降低。

可以看出，随着纤维和颗粒的加入，E51树脂的力学性能有所提高。当纤维和颗粒都加入时，复合材料的强度最高，约为440MPa。如图5-7所示，无颗粒环氧树脂的强度仅为21MPa。当颗粒(9%)加入时，强度提高到36MPa。微观颗粒作为一种不连续的增强体，在提高复合材料力学性能方面已经得到了广泛的研究。颗粒增强复合材料在外载荷作用下，由弹性模量较低的基体向弹性模量较高的硬质颗粒转移。载荷转移，加筋颗粒成为加载体，增强基体。这种加强机制也得到了工程的证实。

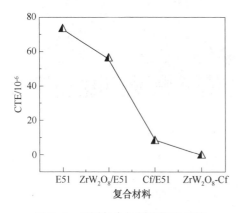

图5-6 不同复合材料的膨胀系数

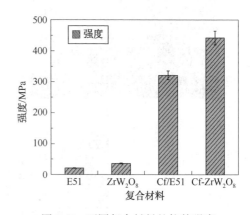

图5-7 不同复合材料的拉伸强度

## 5.3 纤维/颗粒混杂复合材料的主要制备缺陷

本书中制备的复合材料为$ZrW_2O_8-C_f/E51$复合材料，是由纤维、颗粒、树脂共同制备。前文介绍制备工艺流程的时候可以发现复合材料制备过程分为了悬浊液制备和复合材料浸渗两大部分，在制备过程中涉及树脂配比、颗粒的分散、纤维浸渗、树脂固化等工艺步骤，每一个步骤又包含多个工艺参数，这些工艺参数又具有一定相互作用，使得工艺参数设置的过程具有一定矛盾状态。比如在树脂配比的过程中，我们希望树脂的黏度越小越好。因为，树脂的黏度越小，颗粒分散越容易，且黏度小的树脂有利于复合材料浸渗和真空除泡；但是树脂的黏度变小后颗粒在树脂中的沉降就越明显，对复合材料的性能造成极大影响。所以这些工艺参数都会影响复合材料的制备质量，参数设置不合理最终导致复合材料出现颗粒聚集、颗粒分散不均匀、气孔、空洞、等缺陷。而工业产品要求高质量、高可靠性、长寿命和高性能，缺陷的存在对材料的性能和使用造成巨大影响，并且缺陷出现位置随机、尺寸大小各异，早期微小制造缺陷在构件服役过程中会发展成为严重缺陷，严重影响复合材料的服役寿命(图 5-8)。

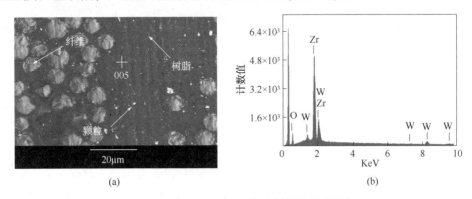

图 5-8   $ZrW_2O_8$-$C_f$/E51 复合材料的微观结构

### 5.3.1　颗粒分散缺陷

团聚现象是纳米颗粒在应用和研究过程中的一个世界性难题。由于微纳颗粒粒度小，表面原子比例大，比表面积大，表面能大，因而很容易凝并、团聚，形成二次粒子，使粒子粒径变大。本书中的 $ZrW_2O_8$-$C_f$/E51 复合材料含有 $ZrW_2O_8$ 颗粒，为了便于颗粒进入碳纤维单丝之间的微观间隙，所以 $ZrW_2O_8$ 颗粒采用的是微米级颗粒，颗粒的平均直径为 $0.48\mu m$，属于微纳颗粒，同样面临颗粒分散的难题。

如图 5-9 所示的可见团聚颗粒的直径可以达到 $40\mu m$ 以上，是颗粒平均直径的 100 倍左右。造成这种团聚主要原因是静电力和范德华力。范德华力与颗粒直径成反比，纳米颗粒由于尺寸小，因而具有较强的范德华力作用。

1. 颗粒团聚的危害

由于团聚二次粒子是由无数个小颗粒组成，单个颗粒之间结合强度远低于颗粒材料本身的强度或者基体树脂的强度。所以当复合材料受到载荷时，团聚颗粒出现的地方就是复合材料性能的薄弱点。在外载荷的作用下，团聚颗粒会出现破碎形成微观裂纹。因此，这些团聚的大颗粒将成为复合材料中裂纹扩展的源头，且降低复合材料的性能。

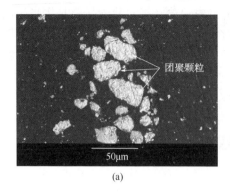
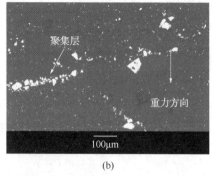

团聚颗粒

聚集层

重力方向

(a)

(b)

图 5-9　颗粒分布的缺陷

此外，在制备颗粒与树脂的悬浊液的时候，颗粒在溶剂中会做布朗运动，颗粒与溶剂的碰撞使得颗粒具有与周围颗粒相同的动能，因此小颗粒运动得快，纳米小颗粒在做布朗运动时彼此会经常碰撞到，由于吸引作用，它们会连接在一起，形成团聚的二次颗粒。二次颗粒较单一颗粒运动的速度慢，但仍有机会与其他颗粒发生碰撞，进而形成更大的团聚体，直到大到无法运动而沉降下来。加之 $ZrW_2O_8$ 颗粒的密度约为 $5g/cm^3$，高于基体树脂的密度，这也加剧了颗粒的沉降，如图 5-9 所示。通过实验，我们发现团聚颗粒越大，颗粒沉降越明显。最终，复合材料中会形成一个由大颗粒组成的颗粒沉降层。颗粒沉降层的出现同样会使复合材料内部出现性能薄弱点，造成复合材料性能降低。

2. 颗粒分散

颗粒分散的方法有很多，大致可以分为物理分散法和化学分散法两大类。其中常见的物理分散法有机械搅拌分散、超声分散、高能处理分散等；常用化学分散法有偶联剂法、酯化反应、分散剂分散。下面对各种分散方法做简要介绍：

1）机械搅拌分散

机械搅拌分散是一种简单的物理分散，主要是借助外界剪切力或撞击力等机械能，使纳米粒子在介质中充分分散。事实上，这是一个非常复杂的分散过程，是通过对分散体系施加机械力，而引起体系内物质的物理、化学性质变化以及伴随的一系列化学反应来达到分散目的，这种特殊的现象称之为机械化学效应。机械搅拌分散的具体形式有研磨分散、胶体磨分散、球磨分散、高速搅拌等。在机械搅拌下，纳米颗粒的特殊表面结构容易产生化学反应，形成有机化合物支链或保护层使纳米颗粒更易分散。

2）超声波分散

超声波分散是降低纳米颗粒团聚的有效方法，其作用机理与空化作用有关。超声波的空化效应是指存在于液体中的微小泡核在超声波作用下，经历超声的稀疏相和压缩相，体积生长、收缩、再生长、再收缩；多次周期性震荡，最终达到高速崩裂的动力学过程。图5-10为空化泡生长标识图，描述了空化的产生过程。此过程发生时间极短（在数 ns 至 μs 之间），气泡内的气体受压后急剧升温，在其周期性震荡特别是崩溃过程中，会产生瞬态极大的高温、高压，并使气泡内气体和液体界面的介质裂解。最近研究表明，空化反应主要发生在 100~1000kHz 的中等频率范围内，而 1MHz 以上的高频很难产生空化效应，因为对于 1MHz 以上的高频，液体中声波产生的微射流和气泡较稳定，不会破碎。

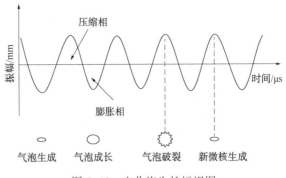

图 5-10　空化泡生长标识图

利用超声空化产生的局部高温、高压或强冲击波和微射流等，可较大幅度地弱化纳米颗粒间的纳米作用能，有效地防止纳米颗粒团聚而使之充分分散。超声波对化合物的合成、树脂的降解、颗粒物质的分散具有重要作用。

3）高能处理法分散

高能处理法是通过高能粒子作用，在纳米颗粒表面产生活性点，增加表面活性，使其易与其他物质发生化学反应或附着，对纳米颗粒表面改性而达到易分散的目的。高能粒子包括电晕、紫外光、微波、等离子体射线等。

4）化学分散

化学分散实质上是利用表面化学方法加入表面处理剂来实现分散的方法。可通过纳米颗粒表面与处理剂之间进行化学反应，改变纳米颗粒的表面结构和状态，达到表面改性的目的；另外还可通过分散剂吸附改变粒子的表面电荷分布，产生静电稳定和空间位阻稳定作用来增强分散效果。

近年来，研究发现通过机械搅拌和超声波分散结合的方法分散微粒，其效果明显优越于单一的分散方法。物理分散方法是纳米颗粒分散的必须方法。本书中制备的 $ZrW_2O_8$-$C_f$/E51 复合材料采用了机械搅拌加超声分散的组合式分散方法。利用机械搅拌的方法实现颗粒的宏观分散，然后再利用超声波实现颗粒的微观分散，没有缺陷的 $ZrW_2O_8$-$C_f$/E51 的微观结构如图5-11所示。

图 5-11　没有缺陷的 $ZrW_2O_8$-$C_f$/E51 的微观结构

此外，研究发现在潮湿环境中纳米颗粒之间容易形成液桥，并且液桥力很大，同样容易造成颗粒之间的团聚或分散困难。为了减小颗粒之间的团聚，在颗粒加入前，进行了烘干处理，烘干处理可以有效阻止和破坏颗粒间的液桥，使得颗粒之间更容易分散，因此可以减小钨酸锆颗粒在树脂基体中的团聚现象。

### 5.3.2　材料浸渗缺陷

在悬浊液浸渗纤维预制体的过程中，主要会出现两种缺陷，一是孔隙，二是颗粒在纤维表面的聚集。两种缺陷如图 5-12 所示。

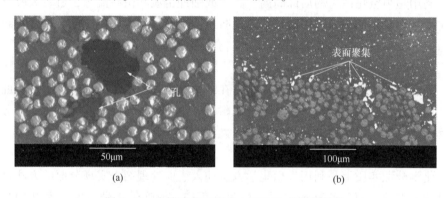

(a)　　　　　　　　　　　　　　　(b)

图 5-12　含缺陷的 $ZrW_2O_8$-$C_f$/E51 的微观结构

孔隙对材料的拉伸性能有一定的影响，由于孔隙的存在，会产生应力集中，加速复合材料的破坏。但是孔隙对复合材料疲劳、弯曲、剪切等性能的影响更加显著。因此，复合材料中的孔隙不仅会影响复合材料的微观结构，还会降低复合材料的力学性能。

在 $ZrW_2O_8$-$C_f$/E51 复合材料制备过程中孔隙缺陷是由气泡无法溢出形成的，气泡的形成原因主要有两种：一种是在机械搅拌过程中将空气带入悬浊液形成；另一种是因树脂浸渗纤维的过程流动前沿不平整，产生"包抄现象"的形成。在树脂浸渗纤维的过程中，树脂的填充流动过程与纤维的分散状态密切相关。当纤维均匀分布时，纤维与树脂之间的毛细作用力在各处形成的浸渗动力或阻力相同，而且其他各种阻力也在各处相同。此时树脂均匀充填纤维间隙，树脂在纤维预制体中的流动前沿在宏观上可以近似视为一个大平面，如图 5-13(a)。但是在实际制造过程中纤维的分布具有一定的非均匀性，尤其是在层合结构中，纤维铺层之间的间隙大于纤维束之间的间隙，而纤维束之间的间隙又大于纤维单丝之间的间隙。这就使得树脂在浸渗碳纤维的过程中各处的充填速度不同，纤维优先填充间隙最大的层间间隙，其次是纤维束间间隙，最后再浸渗纤维丝间间隙，如图 5-13(b)。这就使得树脂从大的浸渗间隙中(因流动阻力较小)渗入小的浸渗间隙的过程中容易将空气包裹起来形成气泡，这就是"包抄现象"。

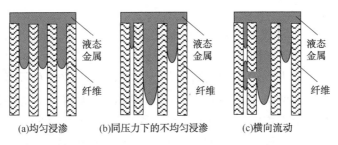

图 5-13　不同流动通道同压力分布的不均匀性

此外，由于树脂在纤维束内纤维单丝之间的充填迟于层间和束间的充填，从而使得层间和束间树脂液横向流动时对纤维束产生挤压作用，使束内空隙进一步减小而使束内的充填更为困难，加剧孔隙的产生。

所以，在实际树脂浸渗纤维的过程中，浸渗前沿并非是一个大平面，而是呈现不平整的状态，即树脂在碳纤维中的浸渗过程有明显的先后差别。根据多相流流动前沿的稳定原理，在宏观浸渗界面稳定的前提下，这种显微浸渗前沿的熔体细观流动不稳定属于几何不稳定，即浸渗前沿的流动不稳定性(也称不稳定浸渗)，是由纤维间间隙尺寸分布的不均匀性导致的。当纤维分布不均匀时，纤维间的空隙不再相等，纤维间流动通道大小不同，导致不同通道内液体所受压力不同，呈现出压力分布的不均匀性。这种压力分布不均，导致被不同大小的流动通道所包围的纤维受力不再平衡，合力指向小通道方向，在满足一定条件时纤维会向小通道方向偏移，这种偏移使得横断面上大流动通道变得更大，小通道变得更小，加重了通道间的不均匀性，严重时会引起纤维与纤维相互紧靠在一起，构成尖角或楔形空间，使得树脂根本无法渗入。

在 $ZrW_2O_8-C_f/E51$ 复合材料制备过程中，不管是搅拌产生的气泡，还是"包抄"作用产生的气泡，如果在树脂固化之前这些气泡无法溢出，就会使得复合材料内部产生孔隙缺陷。导致气泡无法溢出的原因与多种参数有关。例如树脂配比、机械搅拌时间、真空除泡时间等，这些参数相互作用使得 $ZrW_2O_8$-$C_f$/E51 复合材料制备过程孔隙的消除非常困难。例如树脂配比不同，树脂的黏度也就不同。树脂的黏度越大，悬浊液浸润纤维单丝越困难，从而导致浸渗过程中的"包抄"现象也就越明显。但是树脂黏度越大颗粒的沉降现象越缓和，所以从消除孔隙和消除颗粒沉降两方面对树脂配比的要求完全是相反的，所以要在两者之间做一个优化和权衡。另外在一定范围内搅拌时间越长颗粒的分散越均匀，但是搅拌过程中带入的气泡也就越多、越细小。所以在追求颗粒分散和孔隙消除时，对搅拌时间的要求同样是相互矛盾的。因此在 $ZrW_2O_8$-$C_f$/E51 复合材料的制备过程中，孔隙的产生是多参数相互作用的结果，消除孔隙需要对多参数进行协同调控。

在 $ZrW_2O_8$-$C_f$/E51 复合材料的制备过程中，另一种主要的缺陷就是颗粒在纤维表面聚集的缺陷，如图 5-12(b)所示，这种缺陷主要是由于纤维的阻挡作用造成的。纤维束中纤维单丝之间的间隙尺度为微米级，与颗粒的尺度属同一数量级，所以过大的颗粒就很难进入纤维单丝之间的微观孔隙中。在悬浊液的制备过程中，如果颗粒分散不均匀，且团聚颗粒过多，那么在悬浊液浸渗碳纤维的过程中团聚颗粒就会受到纤维单丝的阻挡，无法进入纤维束内部，阻挡浸渗通道。随着浸渗的进行，会有越来越多的团聚颗粒聚集在纤维束的表面，这样就会出现一个恶性循环，最终导致微小的颗粒也无法进入纤维束内部，形成大量颗粒在纤维束表面聚集的缺陷。

同时团聚颗粒阻塞浸渗通道后，局部的浸渗阻力就会增大，在这种阻力作用下同样会使纤维会向小浸渗间隙方向偏移，造成大间隙变得更大，小间隙变得更小，进一步加剧了浸渗前沿的不平整性，促使"包抄"现象的发生。这种现象类似于前文中提到纤维分布不均匀时造成的"包抄"。

## 5.4　超声时间的影响

为了制备低膨胀、高强、轻质复合材料，采用模压法制备了 $ZrW_2O_8$-$C_f$/E51 复合材料，并研究了超声时间对其微观组织、热膨胀行为和极限抗拉强度的影响。结果表明：在制备过程中颗粒团聚后容易受到纤维单丝阻挡并在纤维束表面聚集。在 20min 之内，延长超声时间会减少 $ZrW_2O_8$ 颗粒团聚。随着颗粒团聚的减少，复合材料断口会由平面状、无纤维拔出变为台阶状、有纤维拔出。在碳纤维和 $ZrW_2O_8$ 颗粒的综合作用下，$ZrW_2O_8$-$C_f$/E51 复合材料在热膨胀过程中 $d_L/L_0$ 会出现增大、减小和缓慢上升三个阶段，平均热膨胀系数也会出现相应的三个阶段。超声时间从 5min 延长到 20min，$ZrW_2O_8$-$C_f$/E51 复合材料的平均热膨胀系数降低了约 130%，极限抗拉强度提高了约 8%。

### 5.4.1 超声时间对颗粒分散的影响

图 5-14 展示了不同超声时间后 $ZrW_2O_8$ 颗粒在 E51 树脂中的分布状态，可以看到在树脂内部夹杂着一些白色颗粒。本课题组在制备复合材料时加入的，纯度为 99.7% 的 $ZrW_2O_8$ 颗粒，研究表明 $ZrW_2O_8$ 颗粒在 770℃ 以下稳定存在，并且在制备过程中温度控制在 100℃ 以下，所以可以断定白色颗粒物为 $ZrW_2O_8$ 颗粒。图中部分颗粒的直径远远大于颗粒的平均直径，这主要是 $ZrW_2O_8$ 颗粒粒度小，比表面积和表面能大，很容易团聚，形成尺寸较大的团聚颗粒。

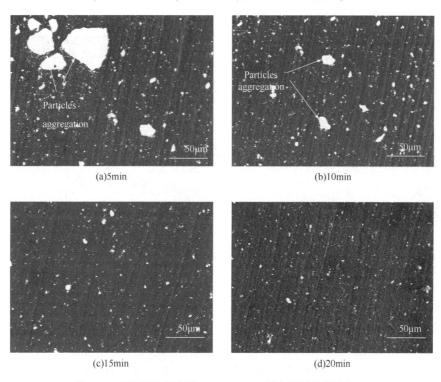

图 5-14　不同超声时间 $ZrW_2O_8$/E51 复合材料的微观组织

由图 5-14 可见，当超声 5min 后，颗粒并没有得到很好的分散，存在很多团聚而成的大尺寸颗粒，最大颗粒的直径为约 40μm；超声 10min 之后，颗粒的团聚现象得到了明显的改善，最大颗粒的直径减小到约 15μm，但依旧存在较为明显的团聚现象；当超声 15min 之后，颗粒的最大直径已经接近纤维的直径(约 8μm)。可见，随着超声时间的延长，最大颗粒的直径逐渐减小，而且颗粒的分散也更加均匀。这主要是由于超声振动可以破坏团聚而成的大尺寸颗粒，使其散落成细小颗粒，然后通过机械搅拌的方式使颗粒分散均匀。

图 5-15 显示了 $ZrW_2O_8/E51$ 悬浊液经过不同超声时间后制备的 $ZrW_2O_8-C_f/E51$ 复合材料材的微观组织。由图 5-15(a) 和图 5-15(b) 可见，复合材料组织非常不均匀，出现了颗粒在纤维束表面聚集的现象。图 5-15(a) 中几乎所有的颗粒都聚集在纤维束的表面，只有极少数小尺寸颗粒进入了纤维束内部；而图 5-15(b) 中尽管有部分小尺寸颗粒进入纤维束内部，但是绝大多数颗粒并没有进入纤维束内部。这主要是由纤维束的过滤作用造成的。大颗粒会受到纤维的阻挡作用无法进入纤维束内，这些聚集在纤维束表面的团聚颗粒进一步阻碍了浸渗通道，使得小颗粒也无法进入纤维束内部，从而造成复合材料内部出现组织不均匀的现象。

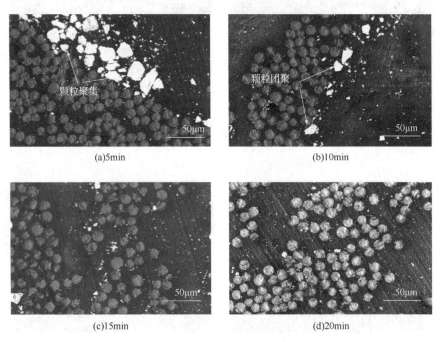

图 5-15　不同超声时间 $ZrW_2O_8-C_f/E51$ 复合材料的微观组织

### 5.4.2　超声时间对热膨胀系数的影响

对于本书介绍的 $ZrW_2O_8-C_f/E51$ 复合材料，其热膨胀系数是由碳纤维(轴向负膨胀)，E51 树脂(正膨胀)和 $ZrW_2O_8$ 颗粒(负膨胀)共同决定的。其中 $ZrW_2O_8$ 颗粒均匀的分散在树脂基体中，起到降低树脂热膨胀系数的作用，因此可以将 $ZrW_2O_8/E51$ 视为 $ZrW_2O_8-C_f/E51$ 复合材料的混合基体。$ZrW_2O_8-C_f/E51$ 复合材

料混合基体的 $d_L/L_0$ 与应力状态变化如图 5-1 所示。表 5-5 为图 5-1 中 A、C、D、E 点 $ZrW_2O_8-C_f/E51$ 复合材料的温度($T$)、膨胀量($d_L/L_0$：升温后试样长度的变化量/试样原始长度)和平均热膨胀系数($\alpha$)。

表 5-5 不同超声时间 $ZrW_2O_8-C_f/E51$ 复合材料的热性能

| 超声时间/min | A 点 | | | C 点 | | | D 点 | | | E 点 | | |
|---|---|---|---|---|---|---|---|---|---|---|---|---|
| | $T/$℃ | $d_L/L_0/$ $10^{-4}$ | $\alpha/$ $10^{-6}/$℃ | $T/$℃ | $d_L/L_0/$ $10^{-4}$ | $\alpha/$ $10^{-6}/$℃ | $T/$℃ | $d_L/L_0/$ $10^{-4}$ | $\alpha/$ $10^{-6}/$℃ | $T/$℃ | $d_L/L_0/$ $10^{-4}$ | $\alpha/$ $10^{-6}/$℃ |
| 5 | 30 | 0.64 | 12.70 | 48.61 | 2.66 | 11.30 | 73.90 | 0.92 | 1.89 | 100 | 1.74 | 2.32 |
| 10 | 30 | 0.54 | 10.80 | 46.94 | 2.28 | 10.40 | 75.41 | 0.19 | 0.38 | 100 | 0.68 | 0.90 |
| 15 | 30 | 0.49 | 9.76 | 45.83 | 1.94 | 9.29 | 79.48 | −0.26 | −0.48 | 100 | 0.10 | 0.13 |
| 20 | 30 | 0.39 | 7.87 | 40.17 | 0.95 | 6.27 | 79.59 | −0.80 | −1.47 | 100 | −0.53 | −0.79 |

通过对比表 5-5 中 E 点的 $\alpha$ 值可以发现，在 30～100℃范围内，超声 20min 后 $ZrW_2O_8-C_f/E51$ 复合材料的平均热膨胀系数为 $-0.79\times10^{-6}/$℃，比超声 5min 后的平均热膨胀系数降低了约 130%。可见延长超声时间有助于降低 $ZrW_2O_8-C_f/E51$ 复合材料的平均热膨胀系数。通过添加 $ZrW_2O_8$ 颗粒降低复合材料热膨胀系数的原因主要有两种：一方面是由于颗粒本身具有负的热膨胀系数，温度升高后树脂的膨胀量与颗粒的收缩量会出现互补效应，因此，颗粒加入后混合基体的热膨胀系数会降低。另一方面，在 $ZrW_2O_8/E51$ 复合材料的制备过程中，颗粒分散于树脂中，可以填充树脂固化不均匀引起的缺陷；同时颗粒与树脂基体紧密结合形成界面层，它们对处于周围的环氧树脂进行牵制能有效地阻止基体膨胀。通过图 5-14 可以发现超声时间越短团聚的大尺寸颗粒体积越大、数量越多。这些团聚而成的大颗粒是由无数个小颗粒组合而成，如图 5-16 所示，它们之间的结合强度远远低于 E51 树脂的强度。所以，团聚颗粒对周围树脂的牵制作用也会减弱。当材料发生变形后，会促使这些颗粒出现裂纹并破碎，从而使颗粒的牵制作用无法通过颗粒与树脂的界面传递至树脂。因此，复合材料的热膨胀系数会随着超声时间的增加出现降低的趋势。

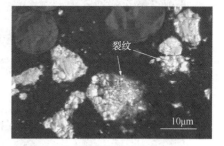

图 5-16 团聚颗粒的微观照片

### 5.4.3 抗拉强度及断裂失效机理分析

图 5-17 为不同超声时间制备的 $ZrW_2O_8-C_f/E51$ 复合材料的拉伸强度变化。由图 5-17 可见，在 20min 以内，延长超声时间可以有效提高 $ZrW_2O_8-C_f/E51$ 复

合材料的抗拉强度，其中超声20min后的抗拉强度比超声5min后提高了约8%。图5-18为不同超声时间 $ZrW_2O_8-C_f/E51$ 复合材料的拉伸断裂断口照片。由图5-18(a)可见，超声时间为5min时，断口呈现平面状态，几乎没有纤维拔出；由图5-18(b)可见，超声时间为10min时，断口呈现台阶状态，但没有纤维拔出；由图5-18(c)可见，超声时间为15min时，已经出现了纤维拔出；由图5-18(d)可见，超声时间为20min时，纤维拔出长度增加。结合微观组织（图5-14、图5-15）可以看出，延长超声时间有助于减小颗粒团聚，并提高复合材料抗拉强度。

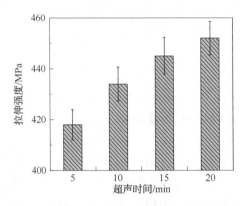

图5-17 不同超声时间下 $ZrW_2O_8-C_f/E51$ 复合材料的拉伸强度

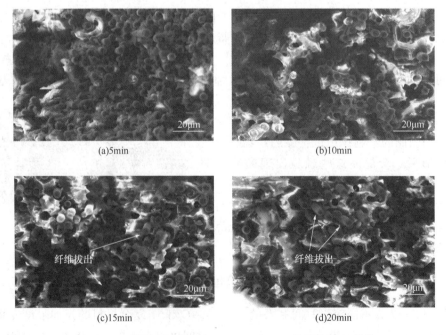

(a)5min

(b)10min

(c)15min

(d)20min

图5-18 不同超声时间下 $ZrW_2O_8-C_f/E51$ 的拉伸断口形貌

对于含有颗粒的复合材料，当受到外加载荷时，载荷在复合材料中由弹性模量较低的基体传递给弹性模量较高的硬质增强颗粒。载荷发生转移后增强颗粒成为受力体，此时颗粒与树脂组成的混合基体强度较高。裂纹产生后可以在混合基体中沿颗粒周边得到有效的偏转，所以容易造成断口出现台阶状。当裂纹遇到纤维时也有足够的强度和时间进行偏转和传播，有利于纤维发挥增强作用。

此外，典型的纤维增强复合材料的损伤模型如图5-19所示，承载纤维平行于载荷方向，裂纹产生于基体合金中且垂直于载荷方向，裂纹中间通过未断裂的纤维相互桥接。纤维承受的应力为 $\sigma_0$，并起到阻止裂纹扩展的作用。根据 Hsueh、Lemaitre、杨松光等的研究，对于纤维增强复合材料当界面结合较强时，纤维拔出时纤维和基体受到的应力 $\sigma_{fd}$ 和 $\sigma_{md}$ 分别为：

$$\sigma_{fd} = \sigma_0 - \frac{2h\tau}{a} \tag{5-1}$$

$$\sigma_{md} = \frac{2hv_f T}{av_m} \tag{5-2}$$

此时纤维脱黏长度 $h$、裂纹张开位移 $u_0$ 和复合材料的伸长量 $u_{debond}$ 分别为：

$$h = \frac{aV_m E_m E_m^2 (\sigma_0 - \sigma_d)}{2\tau E_c} \tag{5-3}$$

$$\delta = u_0 = \frac{aV_m^2 E_m^2}{4\tau E_f E_c} \sigma_0^2 \tag{5-4}$$

$$u_{debond} = \frac{aV_m^2 E_m^2}{4\tau E_f E_c^2} \sigma_0^2 \tag{5-5}$$

式中　　　$a$——纤维半径，mm；

　　　　$\sigma_d$——纤维脱黏所需要的初始应力，MPa；

$E_f$、$E_m$ 和 $E_c$——分别为纤维、基体和复合材料的模量，GPa；

　　$V_f$ 和 $V_m$——分别为纤维基体的体积分数，%；

　　　　$\tau$——界面摩擦应力，MPa。

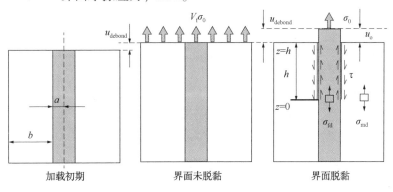

图 5-19　纤维脱黏示意图

对于本书中涉及的 $ZrW_2O_8-C_f/E51$ 复合材料低膨胀复合材料的不同试样，其纤维的直径和体积分数、纤维、混合基体和复合材料的模量以及界面滑移阻力都是近似相同的。理论上混合基体强度越高，复合材料断裂时界面脱黏长度 $h$ 也就越大，纤维拔出长度 $u_0$ 也就越大。所以超声时间越长，颗粒分散越均匀，越有利于提高混合基体强度，断裂时纤维的拔出长度也就越长。

当颗粒出现团聚时，由于团聚颗粒的强度极低(或者团聚颗粒本身就存在空隙、裂纹等组织缺陷，如图 5-16 所示)，所以裂纹产生后会穿透团聚颗粒传播，造成颗粒破碎，此时断口易形成平面状态。颗粒破碎后不但失去了传递载荷的作用，还易形成空穴和裂缝，引起应力集中并促使纤维过早断裂，不会出现纤维拔出。

# 参 考 文 献

[1] 陈祥宝. 先进复合材料技术导论[M]. 北京：航空工业出版社, 2017.

[2] 杜善义, 沃丁柱, 章怡宁, 等. 复合材料及其结构的力学、设计、应用和评价[M]. 哈尔滨：哈尔滨工业大学出版社, 2000.

[3] 胡保全, 牛晋川. 先进复合材料[M]. 北京：国防工业出版社, 2013.

[4] Peter R, Adsit N. Composite Materials Research Progress[M]. New York：Nova Science Publishers, 2008.

[5] 代少俊. 高性能纤维复合材料[M]. 上海：华东理工大学出版社, 2013.

[6] 李顺林, 王兴业. 复合材料结构设计基础[M]. 武汉：武汉理工大学出版社, 1993.

[7] 刘万辉. 复合材料[M]. 哈尔滨：哈尔滨工业大学出版社, 2011.

[8] 罗守靖. 复合材料液态挤压[M]. 北京：冶金工业出版社, 2002.

[9] 乔生儒. 复合材料细观力学性能[M]. 西安：西北工业大学出版社, 1997.

[10] 唐见茂. 高性能纤维及复合材料[M]. 北京：化学工业出版社, 2013.

[11] 陶进长, 那顺桑, 杨海霞. 金属基复合材料的发展现状及展望[C]. 2007年河北省轧钢技术与学术年会, 秦皇岛, 2007.

[12] 王弘生, 刘方龙. 纤维增强复合材料试验力学[M]. 北京：科学出版社, 1990.

[13] 王玲玲, 赵浩峰. 金属基复合材料及其浸渗制备的理论与实践[M]. 北京：冶金工业出版社, 2005.

[14] 沃丁柱. 复合材料大全[M]. 北京：化学工业出版社, 2000.

[15] 于化顺. 金属基复合材料及其制备技术[M]. 北京：化学工业出版社, 2006.

[16] 余永宁, 房志刚. 金属基复合材料导论[M]. 北京：冶金工业出版社, 1998.

[17] 赵渠森. 先进复合材料手册[M]. 北京：机械工业出版社, 2003.

[18] 左继成, 谷亚新. 高分子材料成型加工基本原理及工艺[M]. 北京：北京理工大学出版社, 2017.

[19] Dong K, Zhang J, Cao M, et al. A mesoscale study of thermal expansion behaviors of epoxy resin and carbon fiber/epoxy unidirectional composites based on periodic temperature and displacement boundary conditions[J]. Polym Test, 2016(55)：44-60.

[20] Geng G, Ma X, Geng H, et al. Effect of Thermal Cycles on the Thermal Expansion Behavior of T700 Carbon Fiber Bundles[J]. Chem Res Chin Univ, 2018, 34(3)：451-6.

[21] Hassanzadeh-Aghdam M K, Ansari R. Role of fiber arrangement in the thermal expanding behavior of unidirectional metal matrix composites[J]. Mater Chem Phys, 2020(252)：123273.

[22] He Y, Chen Q, Yang S, et al. Micro-crack behavior of carbon fiber reinforced $Fe_3O_4$/graphene oxide modified epoxy composites for cryogenic application[J]. Compos Part A-Appl, 2018, (108)：12-22.

[23] He Y, Yang S, Liu H, et al. Reinforced carbon fiber laminates with oriented carbon nanotube epoxy nanocomposites：Magnetic field assisted alignment and cryogenic temperature mechanical properties[J]. J Colloid Interface Sci, 2018(517)：40-51.

[24] Kappel E, Prussak R. On abnormal thermal-expansion properties of more orthotropic M21E/

IMA carbon-fiber-epoxy laminates[J]. Compos Commun, 2020(17)：129-133.

[25] Saba N, Jawaid M. A review on thermomechanical properties of polymers and fibers reinforced polymer composites[J]. J Ind Eng Chem, 2018(67)：1-11.

[26] Safi M, Hassanzadeh-Aghdam M K, Mahmoodi M J. Effects of nano-sized ceramic particles on the coefficients of thermal expansion of short SiC fiber-aluminum hybrid composites[J]. J Alloys Compd, 2019(803)：554-564.

[27] Tanaka K, Hosoo N, Katayama T, et al. Effect of temperature on the fiber/matrix interfacial strength of carbon fiber reinforced polyamide model composites[J]. Mechanical Engineering Journal, 2016, 3(6)：160015816.

[28] Tariq F, Shifa M, Baloch R A. Mechanical and thermal properties of multi-scale carbon nanotubes-carbon fiber-epoxy composite[J]. Arab J Sci Eng, 2018, 43(11)：5937-5948.

[29] Upadhyay P C, Dwivedi J P, Singh V P. Coefficients of thermal expansion of unidirectional fiber- reinforced composites using unit-cell model[J]. J Compos Mater, 2018, 53(11)：1425-1436.

[30] Xu L, Ding J, Wang Y, et al. Thermal stability analysis and experimental study of a new type of grid-reinforced carbon fiber mirror[J]. Appl Compos Mater, 2018, 26(2)：469-478.

[31] Zhang Y, Ju J W, Zhu H, et al. Micromechanics based multi-level model for predicting the coefficients of thermal expansion of hybrid fiber reinforced concrete[J]. Constr Build Mater, 2018 (190)：948-963.

[32] 陈鹏, 张谌虎, 王成勇, 等. 玄武岩纤维主要特性研究现状[J]. 无机盐工业, 2020, 52 (10)：64-7.

[33] 陈兴芬. 连续玄武岩纤维的高强度化研究[D]. 南京：东南大学, 2018.

[34] 贾明皓, 肖学良, 冯古雨, 等. 玄武岩纤维增强复合材料及其应用最新研究进展[J]. 化工新型材料, 2019, 47(11)：6-8+12.

[35] 李承宇, 王会阳. 硼纤维及其复合材料的研究及应用[J]. 塑料工业, 2011, 39(10)：1-4+11.

[36] 李仲平, 冯志海, 徐樑华, 等. 我国高性能纤维及其复合材料发展战略研究[J]. 中国工程科学, 2020, 22(5)：28-36.

[37] 刘克杰, 朱华兰, 彭涛, 等. 无机特种纤维介绍(二)[J]. 合成纤维, 2013, 42(6)：30-34.

[38] 刘克杰, 朱华兰, 彭涛, 等. 无机特种纤维介绍(三)[J]. 合成纤维, 2013, 42(7)：18-23.

[39] 陆中宇. 玄武岩纤维增强树脂基复合材料的高温性能研究[D]；哈尔滨：哈尔滨工业大学, 2016.

[40] 宋晓岚, 王海波, 吴雪兰, 等. 纳米颗粒分散技术的研究与发展[J]. 化工进展, 2005 (1)：47-52.

[41] 吴永坤, 于守富, 郑佩琪. 玄武岩连续纤维产业发展分析[J]. 玻璃纤维, 2019(06)：1-4+10.

[42] 邢丽英, 冯志海, 包建文, 等. 碳纤维及树脂基复合材料产业发展面临的机遇与挑战

　　[J]．复合材料学报，2020，37(11)：2700-2706．

[43] 杨程，李金平，易法军，等．负热膨胀 $ZrW_2O_8$ 相变分解和固相合成反应的研究[J]．稀有金属材料与工程，2018，47(S1)：67-71．

[44] 周玉．材料分析方法[M]．北京：机械工业出版社，2011．

[45] 宋美慧．$C_f$/Mg 复合材料组织和力学性能及热膨胀二维各向同性设计[D]．哈尔滨：哈尔滨工业大学，2009．

[46] 林刚．碳纤维产业释放良机：2019 全球碳纤维复合材料市场报告[J]．纺织科学研究，2020(05)：42-63．

[47] 陈向明，姚辽军，果立成，等．3D 打印连续纤维增强复合材料研究现状综述[J/OL]．航空学报，2021：1-27．

[48] 徐坚，王亚会，李林洁，等．2019 年先进纤维复合材料研发热点回眸[J]．科技导报，2020，38(01)：82-92．

[49] 前瞻产业研究院．2020 年全球及中国复合材料行业市场现状及发展前景[J]．热固性树脂，2020，35(6)：14．

[50] 钱伯章．船用碳纤维复合材料的发展趋势[J]．合成纤维，2020，49(7)：57-58．

[51] 高晓东，杨卫民，程礼盛，等．导电玻璃纤维及其功能复合材料研究进展[J]．复合材料学报，2021，38(1)：36-44．

[52] 刘雪莹，刘莉，何素芹，等．低膨胀酚醛树脂(PF)/$ZrW_2O_8$ 复合材料的制备与表征[J]．高分子材料科学与工程，2013，29(6)：133-136．

[53] 袁野．非球形颗粒的单分散和多分散无序阻塞填充研究[D]．北京：北京大学，2020．

[54] 徐伟，徐桂芳，管艾荣．负热膨胀填料钨酸锆对环氧封装材料性能影响[J]．热固性树脂，2008(1)：22-25．

[55] 马玉钦，赵亚涛，许威，等．高导热石墨烯-碳纤维混杂增强热致形状记忆复合材料研究进展及发展趋势[J]．复合材料学报，2020，37(10)：2367-2375．

[56] 肖何，陈藩，刘寒松，等．国产 ZT7H 碳纤维表面状态及其复合材料界面性能[J/OL]．复合材料学报：2021：1-16 [2021-04-28]．https：//doi.org/10.13801/j.cnki.fhclxb.20201209.003．

[57] 包建文，钟翔屿，张代军，等．国产高强中模碳纤维及其增强高韧性树脂基复合材料研究进展[J]．材料工程，2020，48(8)：33-48．

[58] 李博，文友谊，王千足，等．航空用国产碳纤维/双马树脂复合材料湿热力学性能[J]．航空材料学报，2020，40(5)：80-87．

[59] 常大虎．几种典型材料负热膨胀与性能调控的理论研究[D]．郑州：郑州大学，2017．

[60] 赵泽华，孙劲松，郭颖，等．聚酰亚胺颗粒层间增韧碳纤维/邻苯二甲腈树脂复合材料[J]．复合材料学报，2021，38(3)：732-740．

[61] 王玉豪．可调控热膨胀结构设计及其表征[D]．哈尔滨：哈尔滨工业大学，2020．

[62] 张辰．空间超高频遥感反射器热变形优化和复合材料零膨胀设计[D]．杭州：浙江大学，2018．

[63] 荆蓉，张锐涛，孟雨辰，等．连续玻璃纤维/聚丙烯热塑性复合材料拉挤成型中的工艺参数[J]．复合材料学报，2020，37(11)：2782-2788．

[64] 孙志杰,吴燕,仲伟虹,等.零膨胀单向混杂纤维复合材料的研究[J].玻璃钢/复合材料,2002(1):15-16+38.

[65] 王占东,张海雁.浅谈纤维增强复合材料标准化现状[J].中国标准化,2020(10):91-96.

[66] 陈小会.纳米颗粒增强铝基复合材料的制备及其半固态模锻成形研究[D].南昌:南昌大学,2016.

[67] 刘亚虎,蔡雪原,朱延超,等.纳米碳化硅颗粒的团聚及分散的研究进展[J].材料工程,2013(9):84-90.

[68] Singha K,Anupam K,Debnath P,等.硼纤维的研究概述[J].国际纺织导报,2013,41(9):24+26-28+30-31.

[69] 宗庆松.热环境下碳纤维复合材料层合板力学行为研究[D].哈尔滨:哈尔滨工业大学,2020.

[70] 张建可.树脂基碳纤维复合材料的热物理性能之一:热膨胀[J].中国空间科学技术,1987(5):45-50+69.

[71] 宿金栋.碳化硅纤维及其复合材料的制备与性能研究[D].北京:北京科技大学,2020.

[72] 张颖,刘晓峰,阎述韬,等.碳纤维粉改性环氧树脂基玻纤复合材料力学性能研究[J].功能材料,2020,51(11):11103-11109.

[73] 孟雨辰,王彦辉,荆蓉,等.碳纤维复合材料用环氧树脂体系研究进展[J].现代化工,2020,40(S1):75-78.

[74] 郭云力.碳纤维增强树脂基复合材料的雷击防护[D].济南:山东大学,2019.

[75] 吴梦梁.碳纤维增韧陶瓷基复合材料表面微织构对吸水速率的影响[D].天津:天津大学,2019.

[76] 杨强.陶瓷基复合材料损伤行为及其结构响应的不确定性量化方法[D].哈尔滨:哈尔滨工业大学,2018.

[77] 盖鹏兴.填料颗粒分散特性及混合填充复合材料导热性能研究[D].青岛:青岛科技大学,2018.

[78] 李建军.钨酸锆改性沥青胶浆及沥青混合料低温抗裂性能研究[D].哈尔滨:哈尔滨工业大学,2016.

[79] 钟崇翠,王丹蓉,阮康杰,等.钨酸锆制备的最佳工艺条件及钨酸锆/环氧树脂复合材料的热膨胀性能[J].西南科技大学学报,2020,35(1):15-21+63.

[80] 王鑫,张藕生.纤维增强苯并恶嗪树脂基复合材料研究进展[J].热固性树脂,2020,35(5):64-70.

[81] Ju L,Zhang J,Ma y,et al. Fabrication and characterization of $ZrW_2O_8$-$C_f$/E51 negative thermalexpansion composite[J] Mater. Res. Express,2020(7):015610.

[82] 鞠录岩,张建兵,马玉钦,等.$ZrW_2O_8$-$C_f$/E51低/负热膨胀复合材料制备及超声对其热膨胀和力学性能的影响[J/OL].材料工程 2021,1-8[2021-04-28].http://kns.cnki.net/kcms/detail/11.1800.TB.20200728.1114.002.html.

[83] 鞠录岩.真空吸渗挤压 $C_f$/Mg 复合材料损伤研究及异形件制备[D].西安:西北工业大学,2017.

[84] Ju L, Qi L, Wei X, et al. Damage mechanism and progressive failure analysis of $C_f$/Mg composite[J]. Mat Sci Eng A-Struct. 2016(666): 257-263.

[85] Ju L, Qi L, Wei X, et al. Influence of fabric architecture on compressive and failure mechanism of Cf/Mg composite fabricated by LSEVI[J]. Mat Sci Eng A-Struct. 2016(651): 127-134.

[86] Qi L, Ju L, Wei X, et al. Tensile and fatigue behavior of carbon fiber reinforced magnesium composite[J]. J Alloy Compd . 2017(721): 53-63.

[87] Ju L, Qi L, Wei X, et al. Influence of notch on mechanical properties of $C_f$/Mg composite fabricated by LSEVI[J]. J Mater Eng Perform. 2015, 24(9): 3328-3334.

[88] Qi L, Ju L, Wei X, et al. Tensile properties of 2D-$C_f$/Mg composite fabricated by liquid-solid extrusion following vacuum pressure infiltration [J]. Procedia Engineering. 2014 (81): 1577-1582.

[89] Qi L, Wei X, Ju L, et al. Design and application of forming device for the thin-walled Cf/Mg composite component[J]. J Mater Process Tech, 2016(238): 459-465.

[90] Wei X, Qi L, Ju L, et al. Effect of holding pressure on densification and mechanical properties of $C_f$/Mg composites[J]. Mater Sci Tech-Lond. 2017. 33(5): 629-634.

[91] 陈祥宝, 张宝艳, 邢丽英. 先进树脂基复合材料技术发展与应用现状[J]. 中国材料进展, 2009(6): 2-12.

[92] 李树健, 湛利华, 彭文飞, 等. 先进复合材料构件热压罐成型工艺研究进展[J]. 稀有金属材料与工程, 2015, 44(11): 2927-2931.

[93] 蒋诗才, 包建文, 张连旺, 等. 液体成型树脂基复合材料及其工艺研究进展[J]. 航空制造技术, 2021, 64(5): 70-81+102.

[94] 马玉钦. 真空吸渗挤压 2D-$C_f$/Al 复合材料及异型件制备研究[D]. 西安: 西北工业大学, 2016.

[95] 马玉钦, 任晓雨, 师阳, 等. 碳纤维复合材料真空浸渍与热压固化成型方法[P]. 中国, CN201810736127.8, 2018.

[96] 张佳奇, 陈铎, 郑跃滨, 等. 基于压电传感器的树脂基复合材料固化过程监测[J]. 复合材料学报, 2020, 37(11): 2776-2781.

[97] 于思荣, 何镇明. 挤压浸渗金属基短纤维复合材料浸渗压的理论分析及应用[J]. 复合材料学报, 1995(2): 15-20.

[98] 郭战胜, 杜善义, 张博明, 等. 先进复合材料用环氧树脂的固化反应和化学流变[J]. 复合材料学报, 2004(4): 146-151.

[99] 李树健, 湛利华, 周源琦, 等. 基于图像处理的碳纤维增强树脂基复合材料固化压力-缺陷-力学性能建模与评估[J]. 复合材料学报, 2018, 35(12): 3368-3376.

[100] 成李冰. 碳纤维增强树脂基复合材料微波间接加热固化工艺研究[D]. 南京: 南京航空航天大学, 2018.

[101] 岳广全, 张嘉振, 张博明. 模具对复合材料构件固化变形的影响分析[J]. 复合材料学报, 2013, 30(4): 206-210.

[102] Amico S, Lekakou C. An experimental study of the permeability and capillary pressure in resin-transfer moulding[J]. Compos Sci Technol, 2001(61): 1945-1959.

[103] JespersenS T, Wakeman M D, Michaud V, et al. Film stacking impregnation model for a novel net shape thermoplastic composite preforming process[J]. Compos Sci Technol, 2008 (68): 1822-1830.

[104] Hu L, Luo S, Huo W. Determination of threshold pressure for infiltration of liquid aluminium into short alumina fiber preform[J]. T Nonferr Metal Soc, 1996, 6(4): 133-137.

[105] CampanaC, Leger R, Sonnier R, et al. Effect of post curing temperature on mechanical properties of a flax fiber reinforced epoxy composite[J]. Compos Part A–Appl S, 2018(107): 171-179.

[106] Tan P, Tong L, Steven G, et al. Behavior of 3D orthogonal woven CFRP composites. Part I. Experimental investigation[J]. Compos Part A–Appl S, 2000, 31(3): 259-271.

[107] Thomas A, Cender, Pavel Simacek, et al. Resin film impregnation in fabric prepregs with dual length scale permeability[J]. Compos Part A–Appl S, 2013(53): 118-128.

[108] Dong C. Effects of process-induced voids on the properties of fibre reinforced composites[J]. J Mater Sci Technol, 2016(32): 597-604.

[109] Yan M, Masahito U, Tomohiro Y, et al. A comparative study of the mechanical properties and failure behavior of carbon fiber/epoxy and carbon fiber/polyamide 6 unidirectional composites [J]. Compos Struct, 2017(160): 89-99.

[110] Ma Y, Wang J, Zhao Y, et al. A new vacuum pressure infiltration CFRP method and preparation experimental study of composite[J]. Polymers, 2020, 12(2): 419.

[111] Ma Y, Wang J, Shi Y, et al. Influenceof curing process on microstructure and bending strength of 2D-T700/E44 composites[J]. Plast Rubber Compos. 2020, 49(2): 57-65.

[112] Ma Y, Zhao Y, Zhang Y, et al. Influence of infiltration pressure on the microstructure and properties of 2D–CFRP prepared by the vacuum infiltration hot pressing molding process [J]. Polymers, 2019, 11(12): 2014.

[113] Ma Y, Wang J, Chen Y, et al. Calculation and experimental study on extrusion pressure of resin in 3D carbon fiber preform [J]. Phys Status Solidi A, 2020(217): 2000130.

[114] Ma Y, Wang J, Chen Y, et al. Effect of no-pressure curing temperature on bending property of 2D-T700/E44 composite[J]. Emerg Mater Res, 2020, 9(3): 1-10.

[115] Ma Y, Liu X, Wang J, et al. Effect of pressure-free heating curing time on bending property of 2D T700/E44 composites prepared by ICM[J]. Mater Res Express, 2019, 6(4): 5307.

[116] Ma Y, Wang J, Li S, et al. Effectof molding temperature on shape memory performance on SMPC[J]. Integr Ferroelectr, 2020, 209(1): 30-39.

[117] Ma Y, Li S, Wang J, et al. Influence of defects on bending properties of 2D-T700/E44 composites prepared by improved compression molding process [J]. Materials, 2018, 11 (11): 2132.

[118] Ma Y, Shi Y, et al. Effect of fiber lamination on bending properties of CF/E44 composites prepared by ICM[J]. Emerg Mater Res, 2020, 9(1): 1-7.

[119] Ma Y, Yu Y, et al. Study on preparation and compression failure behavior of 3D-CF reinforced composites[J]. Integr Ferroelectr, 2020, 210(1), 31-39.